奇葩综合征

◎霁 色 著

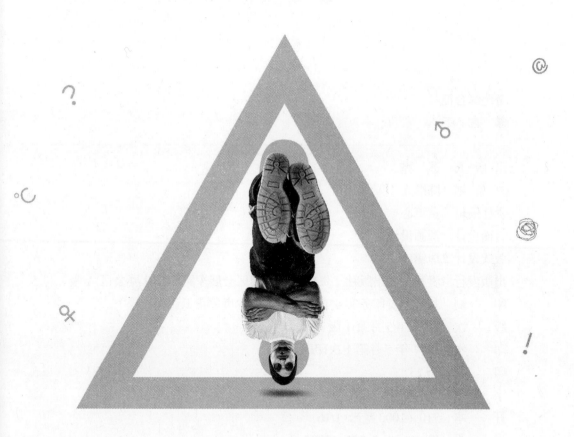

贵州出版集团
贵州人民出版社

图书在版编目（CIP）数据

奇葩综合征 / 霁色著 . -- 贵阳 : 贵州人民出版社，

2017.2

ISBN 978-7-221-13897-2

Ⅰ.①奇… Ⅱ.①霁… Ⅲ.①心理学 – 通俗读物

Ⅳ.① B84-49

中国版本图书馆 CIP 数据核字 (2017) 第 033282 号

奇葩综合征

霁　色 / 著

出 版 人	苏　桦	
总 策 划	陈继光	
责任编辑	黄蕙心	
封面设计	源画设计	
版式设计	唐锡璋	
出版发行	贵州人民出版社（贵阳市观山湖区会展东路 SOHO 办公区 A 座）	
印　　刷	长沙鸿发印务实业有限公司（长沙市黄花工业园 3 号）	
版　　次	2017 年 5 月第 1 版	
印　　次	2017 年 5 月第 1 次印刷	
印　　张	15.25	
字　　数	200 千字	
开　　本	710 × 1000 毫米　1/16	
书　　号	ISBN 978-7-221-13897-2	
定　　价	29.80 元	

目 录

第一章
别以为你没病，大家都有"病"

··

　　一说起"心理问题"，好像大家总会联想到"精神病"，然后就是标准反应——摆摆手，晃晃脑，连说两句："反正我不会有病。"要是真这么做，那你就——太天真了！生活中的很多普通现实都告诉我们，心理问题无处不在。少年，有"病"早发现，早治疗，才是硬道理啊！

自拍症——镜头下的 45°，男人女人最美的弧度！

相信你的朋友圈中总少不了这样一类人——自拍达人。

他们永远摆着 45° 黄金角度，挥舞着经典永流传的剪刀手，嘟嘴眯眼，挑眉鼓脸地攻占着你朋友圈的全部角落，誓要让你的每一次刷新都看到他们的脸。

这是想成为你生命里印象最深的男 / 女人吗？简直真爱啊！

我的朋友圈中就有这样一位"真爱"，既然她热爱自拍，就叫她 P 小姐吧！P 小姐是个内向可爱的 7 分女，样貌并没有对不起观众。但是，朋友圈里的一众好友却都默默将她列入了"最不想见到的脸"NO.1，这是怎么回事？

"每天被这张脸刷屏无数次，不点赞还要被埋怨，害得我都快成条件反射了，一看到她的脸就腿软！"

朋友 A 吐槽道。

"我对她都比对我老婆还熟悉了！"

这是刚结婚不久的朋友 B。

"我怎么没发现？……哦，我早就屏蔽她了。"

这是后知后觉的朋友 C。

也许你会百思不得其解，P 小姐的杀伤力有这么大？女孩爱自拍难道不是天性吗，这也值得吐槽？

如果说女孩自拍是天性，那么 P 小姐只能说是"天性凶残"。

我不禁想起上次去 P 小姐家里的时候。

一进门，竟然只有她的男朋友 M 君在，招呼我说："我去叫她，你等等哈！"那热情，简直让我背后一凉。

说着，他就义无反顾地往浴室走去。

不是吧，P小姐在沐浴？我赶紧伸出尔康手，拉住了M君："那个，她既然不方便，我就等等吧！"嗯，为自己的体贴点赞！

没想到M君竟然毫不领情，还用一种"你怎么可以说这种话"的眼神急切的看着我——别问我是怎么看出来的，让我着实忍不住好好反省了一下。

然后，他就道出了如此热情欢迎我的实情："她没在洗澡，在浴室自拍呢！"

"她……这么拼？"这简直是正常人完全不能理解的思维呀！

"可不，她非说浴室的灯光强，天然自带美肤效果，现在恨不得长在浴室里了！"

听着M君的抱怨，我恍然大悟："怪不得她最近发的照片背景都一样了，原来……"

想一想，独守空房的M君，只有等到家里来客人才能得到解放，见自己女朋友一面，也是可怜啊！

在这样的自拍热情下，P小姐的朋友圈总是时刻散发着"生机"与"活力"。

"早上起床照镜子，感觉自己萌萌哒！"每天起床和睡前，凹好造型拍上几张，对P小姐来说比打卡上班还要准时，完全属于正常自拍。

"天哪，堵车这么久，回不了家怎么办？"当然是先来拍一张！不过，照片上完全看不到一辆车的影子，这属于强行自拍。

"难过……"配以双眼红肿、楚楚可怜的照片，一问怎么着，原来是跟男朋友吵架了！吵架也不忘上传照片，这是敬业自拍。

"打了几天点滴，病了。"自拍还要配上扎着针的苍白小手，要多虚弱有多虚弱……嗯，这是拼命自拍。

总之，甭管面对什么事，哪怕遇到车祸现场，P小姐的内心戏也永远是："别说话，先让我自拍一张传上去！"

然后，她的照片就会出现在各种社交软件上，堪称全方位轰炸。

对此，P小姐自己的评价是："这才哪到哪呀！"放上朋友圈的照片绝对是"百里挑一"，P小姐手机中的自留照更是数量繁多，没看到她刚换了128G内存的手机，就是用来存储照片吗？对她来说，每天不自拍、不上传，不看着大家给自己的照片点赞，就会立刻感受到什么叫世界末日。

"我已经决定了，等将来生宝宝的时候，一定要第一时间拍一张自拍照传上去！最好是全程直播！"P小姐的豪言壮语还萦绕在我的耳边，天啦，到时如果拍照效果不佳，她会不会把宝宝塞回去重拍？

嗯，想想，还真是她能做出来的事。

怪异心理学

P小姐这样特殊的情况，我们称之为"自拍症"。这可不是说每一个爱自拍的小天使都是"自拍症"患者啊！"自拍症"也不是人人都有资格得的，所以大家先别急着对号入座，放下你们手里挥舞的自拍杆，咱们稍安勿躁。

只有爱自拍爱到成瘾、爱到不正常甚至影响生活，才属于"自拍症"的范围。比如P小姐这样，为了自拍变成长在浴室里的蘑菇，平时更是手机时刻不离手，随时准备着展现完美形象，这就已经有了明显的自拍症状态。还有的人得了自拍症后，在生活中就变成了个"锯嘴葫芦"，网络上天天刷屏不止，日常社交却一声不吭，这就是沟通障碍了。

自拍症往往有很多原因，有的是因为生活压力太大，想要好好"疯狂"一把——一不小心，刹不住闸了，还有的则是感到孤独、缺乏认同感，只好拿自己的照片找存在感。发发照片，感受着大家的点赞与浏览，那就是赐予他们的神奇力量呀！

自拍症带来的麻烦可不少。每天拍拍照、修修图，一天很快就过去了，生活、工作全耽误。实在不满意，还有人会升起想整容甚至想自杀的念头，原因只有一个——"我的照片不够美！"这样看，你还敢忽视自拍症吗？

有病？得治！👉

　　自觉有自拍症的小天使们，首先不能让自拍影响自己的正常生活。要对从白天到黑夜不停发照片的行为说 NO，更要跟半夜不睡、等人点赞的夜猫子习惯说再见。相信作为一个成年人的你，一定有办法控制自己的，实在不行还可以摔手机嘛！

　　其次，日常工作可不能耽误。这时候，有个严厉的上司是多么的重要，眼睛一瞪，保管你三天想不起开手机。没有这样的上司也没事，我们自力更生，把手机丢得远远地，眼不见心不烦。

　　最后，经常跟亲朋在现实中见面玩耍，别总是"一根网线，两地相思"，自拍照哪有真实的自己生动呀！多与人沟通，才不会造成社交障碍。

舌钱党——秒杀没抢到！感觉舌了一百个亿

每当一些特殊的日子来临，在午夜的 12 点钟，我们的身边总会准时冒出这样一群神秘人士。

他们嘴角必然带着一抹志在必得的笑容，双眼在电子屏幕的映照下反射出野狼似的绿光，看起来凶猛又野性，仿佛眼前就吊着一块鲜肉。他们浑身肌肉紧张，摆着蓄势待发的准备姿势，直等到时针与分针在"12"处重合的那一瞬间，然后以迅雷不及掩耳的速度出手——

没错，就是秒杀！

在购物狂欢节里来个"一分秒杀""一元购"的经历，你是否也有过呢？这样的"秒杀党"每个人身边都少不了，S君就是其中翘楚。每当各色购物节来临时，S君的"快递生意"总要忙上好几天，寄来的快递盒子能将他活生生淹没在办公桌后面。

而这百八十个快递加起来也花不了几十元，一个秒杀狂人的日子，就是这样滋润。

在我们看来，S君能够有这样的战果，足够让他每天都喜形于色了。可事实刚好相反，购物节偏偏是他心情最暴躁的几天。

"又没抢到！混蛋！一定是他们用了秒杀器，卑鄙！"每当整点到来、有秒杀活动时，S君的声音总是准时在办公室响起。时间一长，大家已经习惯了把S君当成人形闹钟。

"那天S君请假没来，听不到他'报时'，我一天都不舒服，中午还错过了下班时间呢！"某位同事这样说道。

唉，没办法，秒杀就是一场狼多肉少的盛宴，就算身经百战的S君，大多数时间也是失手的。对S君来说，"秒杀到"就是应该的，而"没秒到"则会让他产生股市割肉似的心痛。

这样一来，脾气怎么会好？

"其实我也想过，明明秒杀到了是我赚了，没秒到也不吃亏……可是，为什么抢不到就会这么难受呢？秒杀成功的喜悦完全不能跟秒杀失败的痛苦相比，那就不是一个重量级的！"S君这样苦恼地说。

"那……这么烦躁，要不你就别秒杀了，这样心情就好了。"我忍不住建议道。

"那怎么行？那就相当于丢了一百个亿啊！"S君忍不住跳了起来，悲愤地痛诉。

像S君这样的，就是典型的"丢钱党"。这群家伙最喜欢给还没放到口袋里的钱盖上自己的戳，告诉自己"这马上就是我的了"、"只差拿起来这一步，它就要被我揣进口袋"。所以，一旦出现了小意外，"煮熟的鸭子"不小心飞走，他们就会捶胸顿足，仿佛损失了一大笔。

事实上，他们根本毫发无损。

"丢钱党"们除了在"秒杀狂人"中最容易出现，在股市中也频频露面。不信的话，就找准一支长期飘绿的股票，只要有一天它突然飘红，甚至创造出涨停板的佳绩，保管有一大批人痛哭流涕。没错，就算赚钱，一样有人不开心。

"我昨天刚卖掉它，竟然涨了！还我钱啊！"这是眼光不好，刚刚出手的倒霉蛋。

"我一直关注着它，我就知道它会涨！我本来会成为亿万富翁的！"这是一直观望，就是不敢出手的"事后诸葛亮"。

要是一支上涨的股票突然泄了气，长出了盈盈绿草，那就更热闹了。哪怕割肉的股民们小赚了一把，也要捶胸顿足："要是早点抛出去，我本来能赚得更多！"

总之，在这些市场里，不管赚还是赔，总会有一群人在后悔不已，仿佛自己丢失了一个亿一样。这样一直在"丢钱"的人，到底是怎么想的呢？

怪异心理学

"丢钱党"们的心理问题有一个复杂的专业术语——"被剥夺超级反应综合征"，用心理学家芒格老先生的描述就是，当一个人在预期中觉得自己能得到一样东西时，他就会产生占有欲，即"虽然还没付钱，但这显然已经属于我了"的强大信心。别看这信心来得莫名其妙，影响力却很大，要是结果不如预期，东西归于别人，他就会倍受打击，从而产生过于强烈的反应。

在股市中打交道的人最容易出现这种问题。据说，曾有一位分析师因为错过了一支自己一直看涨的股票，气得直接跳楼了。虽然在旁观者眼里，这就是一场莫名其妙的闹剧，但是这位先生在脑内剧场里肯定经历了从亿万富翁到穷光蛋的洗礼。

这就是为什么，明明有些人从头到尾也没有损失，却暴躁得像一头被偷了孩子的母熊——在他们的潜意识里，他们可是被偷走了一堆孩子呢！

有病？得治！

保持理性，是对抗"被剥夺超级反应综合征"的唯一办法。这种心理问题在任何人身上都可能出现，我们人人都会在特殊关口化身"丢钱党"，区别只是反应差异。此时，保持理性就变得格外重要。

做个脑洞太大的 boy，实在是有风险啊！说不定什么时候就要愤怒变身了。所以遇到问题时，首先要避免的就是"想太多"，不要去开不切实际的脑洞，想着自己"原本能得到什么"，只要算一算自己实际损失了什么，就能冷静不少。

之后，还要学会控制情绪。即便保持理性，相信还是有不少想不开的朋友沉浸在"丢钱"的愤怒中无法自拔，此时就要排遣自己的情绪。暂时抽身于这种活动，多接触其他放松的行为，可以让人更好地恢复。

美丽怀疑症——魔镜魔镜，我是不是世界上最丑的女人？

有一个爱美的女朋友，总会让不少男性陷入"甜蜜的苦恼"，表现最明显的就是他们瘪瘪的钱包。相比之下，有个极度爱美的男朋友更让人压力大——你敢想象，你的男友比你更懂得保养？更会打扮？甚至……更会化妆？

不过，最令人恐惧的，还是他们觉得自己"不够美"。一旦迈入"美丽怀疑症"的世界，就算你变身安久拉北鼻也没法解救自己！

"怎么办，我快被女朋友烦死了。"最近，恋爱后不断散发粉红泡泡的M君，居然破天荒地吐槽起了自己的女朋友。

"你确定不是来炫耀的？你不是说，自己找到了一个完美女神，眼大嘴小鼻梁挺、九头身还S型吗？"朋友打趣道。

"哎你也知道啊，我给你看看这照片，我女朋友那真是没得说……"M君差点就被带偏了思路，进入"炫耀女友"环节，还好及时打住，"不对，我要说的是烦心事。"

根据M君的描述，女神女友虽然长相貌美如花，但是内心还真是自卑如鼠。这位在青春期不知受了多大委屈的女神，一直对自己的相貌十分不自信。

"我们俩每次聊天，她总要提起自己的脸。不是觉得眼睛太小就是鼻子太矮，要不就是嘴巴笑起来像姚晨，像姚晨怎么了，姚晨还是我偶像呢！"M君表示，"不管我怎么劝她，她都觉得自己丑得不行，甚至还想去整容！"

我们一想到清新女神整容变身"网红脸"的样子，都齐齐抖了抖，掉下一身鸡皮疙瘩。

"对了，她还总是怀疑自己在变胖，家里放了一个电子秤，恨不得连小数点后三位都控制在稳定数值。前几天一起去吃了个西餐，回家就哭了半晚上！"M君激动地唾沫横飞，"半夜来了个夺命电话，把我从床上拉起来，就为了自己胖了一斤！"

我们互相对视了一下，突然理解了M君的痛苦——在寒冷的夜晚离开被窝，任谁都是一场酷刑啊！

"唉，这叫什么事呢？"大家齐刷刷叹了口气。

M君表示，女友的这种表现其实早有预兆，只是当时他一时大意，挥挥手表示"I don't care"，现在才尝到了苦果。

原来，女神也有过"丑小鸭"的青春期，胖乎乎的身材加上满脸的青春痘，实在是招来了不少人的"侧目"。虽然后期也成功逆袭，可是架不住已经碎成渣渣的小心脏HOLD不住呀！所以，到现在她还有严重的自卑感，没事就爱对自己的外表挑三拣四。

"差点忘了说，她最在乎的就是脸上的痘痘！"说到这，M君又找到了吐嘈的苦水，"上次在额头上长了一个肉眼几乎不可见的痘痘，硬是把她紧张得差点不敢去上班，还是我硬把她从家里拉出来的！"

"不是吧，有这么严重？"

看到我们难以置信的神情，M君仿佛时刻准备上战场一般，严肃地点了点头，恨不得流两行眼泪。

"当时我还很窃喜，要不是女神对自己的外表没有正确的认识，怎么可能让我追到手嘛！"M君郁闷极了，"早知道，我绝对劝她去看心理医生，一秒都不耽误！"

当初脑子进水时那点窃喜的小心思，都化成现在绵绵的烦恼，数都数不尽啊！

M君，你的女神到底是有什么问题呢？

对于 M 君的女友来说，怀疑自己不够美已经成为了一种疾病。就算她变身成白雪公主，也绝对能做出对着魔镜唠叨"我是不是世界上最丑的女人？什么！还有人比我丑，怎么可能"这样的事情来。这，就是俗称的"美丽怀疑症"。

在"美丽怀疑症"的影响下，我们对自身的认识会跟他人截然不同，不管是五官、体态甚至皮肤、体味，都会成为我们关注的目标与自卑的来源。就算你长着堪比范冰冰的眼睛、高圆圆的鼻梁、刘亦菲的嘴唇，在自己的认知里也只能获得一个评价——丑！

觉得自己丑、嫌弃自己的外貌，甚至过分夸大小小的身体缺陷，就是"美丽怀疑症"患者们每天最爱做的事。要是这个小缺点让别人知道了，那就更不得了啦！说不定就会变身蘑菇宅在家里，再也不出门。

"美丽怀疑症"患者的世界是痛苦不安的，变身"整容狂"只是治标不治本，发展严重的甚至会想到"一了百了"结束自己"丑小鸭"的人生，简直是自我催眠的典型！

所以，解决这个问题，找整容医生是完全没用的，找心理医生倒是比较靠谱。在这个基础上，建立对自己的信心是最重要的。正确地认识美的定义，时刻保持着"我最美最靓最清纯不做作"的自信，就不会再看自己不顺眼了。

其次，还需要改变畸形的审美。如果一个大美人整天琢磨着自己哪里又丑了，实在是一种逼我们普通人去上吊的酷刑呀！多参考身边人的评价，建立正确的审美观，就不会"跑偏"了。

迁怒症——听说你要通知坏消息？拖出去给朕砍了！

完美的人是不存在的，不论多么德智体美全面发展，在一些特殊的时间，我们总会暴露自己的一些小"秘密"。迁怒，就是大多数人都可能犯下的错误，如果不小心，说不定就会迈入"迁怒症"的患者群体中哦！

论起脾气暴躁、喜欢迁怒他人，我的脑海中第一个浮现的就是Q君的身影。这位被朋友戏称为"中世纪暴君"的家伙，有着难以言喻的坏脾气，每次遭殃的还都是身边人。

"上次我们一起吃饭，他刚好接到一个电话，好像是项目工程出了差错，看他着急上火的样子，我就知道不妙。"Q君的女友说，"果然，下一秒我就倒霉了，生生被他说炒的菜难吃，发了一通脾气。"

没记错的话，Q君前一天还夸女朋友手艺好、做菜香呢！哦，不好意思，这位已经是前女友了。

像Q君这么难伺候的家伙，就算把他甩了的前女友凑成一个加强连，也一点都不稀奇——事实上也差不多了。

跟前女友同志惺惺相惜、站在同一战壕的，还有Q君的亲戚朋友、下属同事们，甚至包括送餐的小哥、看快递的门卫大爷。你说为什么？嗨，谁要是赶上Q君心情不好，给他打个电话"打扰"他，或者不长眼色的凑过来说话，保管吃不了好果子。

收获"暴君Q"的一个白眼，还是最轻的后果呢！怪不得，Q君的人缘总是莫名地变差，就连中午订餐都比别人等候的时间长。

"可不是，我们都学聪明了，每次中午集体订餐，绝对不劳Q君打电话，不然送来的时间慢不说，饭菜质量还堪忧。周围这一片的餐饮店，Q君可都是榜上有名啊！"跟着一起受了"酷刑"的同事这样吐槽。

而Q君自己，却无奈地表示："你以为我不想改吗？我实在是……控制不住我自己呀！"情绪上来，还忍不住彪出了南方方言。

在 Q 君的描述中，遇到挫折、收到坏消息的他，愤怒的小火苗根本不想找准方向，就想自由奔放地在身边燃烧——最好多烧到周围的人，让大家一起不开心。"我不开心，你们也别想开心""我怎么可能有错，让我生气肯定是你们的错"这样的思考回路，常常在怒火冲脑门时占据 Q 君存放理智的硬盘。

总之，越是想要控制忍耐，最后就越容易造成迁怒误伤。

"我敢保证，要是我回到古代，绝对是暴君。"Q 君苦笑着说，"就是那种，一听到坏消息，就把身边人全都拖出去砍头的暴君，妥妥的！"

最严重的时候，Q 君甚至还会迁怒倒霉的"信使"。隔壁办公室管着报销的小 M，在 Q 君心里就是个"莫名其妙讨厌"的对象，平时路上遇到了，Q 君都差点控制不住自己想"哼"一声走开的洪荒之力。

"我敢保证，小 M 什么也没做过。思来想去，大概是因为最近报销总是不成功，而这些消息都是他通知我们的。"Q 君说道。

所以，总是带来坏消息的小 M，就成了 Q 君潜意识里的一颗彗星——俗称"扫把星"。每次看到小 M，Q 君总要想到自己与报销账单之间的新仇旧怨，也就自然而然地对小 M 没了什么好感。

这叫什么？赤果果地迁怒！连"礻"字旁都不想穿了的坦然啊！

"没错，我就是总迁怒别人，最要紧地是，我知道这是错误的，却硬是改不过来，这可怎么办？"Q 君总算发现了自己"虚心道歉，绝不悔改"的潜质，更加苦恼了。

迁怒症，到底该怎么改善呢？

怪异心理学 👉

迁怒症，直白一点说，就是自己生的气，总要在别人身上找到原因，最后，用"就是他们错了才让我生气，我才没错"这样的想法安慰自己。这样的"蛮不讲理"，其实还是我们身体的自然反应。

迁怒，在心理学上符合情绪转移定律，是一种人类保护自身的机制——这么看，Q君绝对是防守能力max、自保能力一流的家伙。当我们产生坏情绪的时候，适当地宣泄才能让它消失，如果不会发泄情绪，一味地忍着、憋着，就容易将这种情绪宣泄在其他人、其他事上——总之，是无辜中枪。

这就是迁怒了。最倒霉的是，迁怒同样可以宣泄情绪，若是一来二去，给自己"迁怒别人可以发泄"的错误信号，就会养成习惯，形成Q君这样的"迁怒症"。

所以，就算你把情绪堡垒建造得再安全，如果排泄口开错了地方，一样会引起心理问题。

有病？得治！ 👉

咱们的祖先大禹同志是个明白人，知道"堵不如疏"的道理，对待情绪也是如此。想克制自己不迁怒别人？很好，别忍着，先把情绪宣泄出来是安全的。

否则，你一定不想尝尝堤坝崩溃的后果。

所以，在有不良情绪的时候，第一时间找到合适的渠道来舒解。找几个靠谱的哥们、亲密的家人当做"心灵垃圾桶"，好好倾诉一通，将烦恼说出来就是好办法。当然，要注意不能太频繁，否则垃圾桶也会爆炸的。

然后，多丰富业余生活，以放松的状态缓解烦恼愤怒。大到旅游、小到晚上在小区里散散步，都是放松的好办法。

最后，如果你还有一腔精力发泄不出来，完全可以在网上找个聊天群消磨一下时光嘛！据调查，网络上与陌生人聊天，我们获得的安全感是最强的。看来，还是戴上面具的你最真实。

这还不行，那就赶紧找心理医生帮忙吧！

食物依赖症——失恋、失业、失败怎么办？吃吃吃！

生在这个名副其实的"大吃货国"，无数人的经验教训告诉我们，再没有什么比做一个吃货更加快乐的事情了。

吃货的祖先——汉代淮南王刘安就用自身例子证明了这个血的事实。老老实实做个吃货，闲来无聊顺手发明出豆腐，要不就在自己的书《淮南子》里八卦一下隔壁齐王爱吃鸡爪子、每次都特没出息地吃几十根的轶事，不是挺好吗？非得从吃货的本职工作中脱离出来，抢着去做皇帝的工作，这不就倒霉了嘛！

到了现代社会，做个吃货的风险小了很多，这也意味着我们有更多的时间享受美食。不过，吃也需有度，如果不幸从吃货变身"饭桶"，甚至患上"食物依赖症"，似乎就不那么美妙了。

W小姐就深受"食物依赖症"的困扰。这个笑起来有一双弯弯眼的温柔姑娘，自认是个极其普通的平凡人。"从小到大，我成绩普通、工作普通、能力普通，长相也特别普通。"W小姐坦然地说，"要说什么最不普通？那也就只有'吃'上不一般了。"

尤其是特殊时期，W小姐的"吃"之本能更会提升一个境界，达到"食神"的地步。什么时期才能召唤出这种特定的技能呢？当然是压力大、心情不好的时候。

去年情人节前，W小姐遭遇小三插足，一怒之下脱离了秀恩爱群体，加入"FFF团"怀抱，重新成为了一只单身狗。"现在想起来，最后悔的就是没等到情人节过了之后再分手！"W小姐恨恨地说。

"为什么？"

"这样还可以狠狠宰那个混蛋一次！我到手的礼物啊，飞了。"吐了吐舌头，她有些遗憾地说。

可在当时，乍一分手的 W 小姐完全没心情打趣自己。那几天，用她自己的形容就是，过着昏天黑地、日月无光的生活。有时候一觉醒来，外面明晃晃的路灯比天上的月亮还亮，直晃得人眼花——哦，她倒是感觉还好，因为自己的眼睛早就哭成了桃子，肿得睁不开了，成功逃过一劫。

这样颠三倒四的日子过了一阵，W 小姐才恢复过来。她这才发现，自己养成了一种新的习惯——吃！而且是无时无刻不在吃。

听取了网上"吃能让人心情愉悦"的说法，W 小姐一边伤心，一边还不忘用美食来武装自己。哭一场，撕一包烤鱿鱼片，睡一觉醒来，喝上一瓶可乐汽水，窝在沙发发呆，嘴里也要嚼着 XO 酱牛肉干……

啧啧，这样的失恋日子，怎么听得人有点馋呢？总之，当她能够挥舞着辣条在闺蜜面前痛斥渣男，发出"我终于走出来了"的宣言时，她已经在不知不觉间陷入了另一个深渊。

一个美妙而难以戒断的深渊。

"从那次以后，只要我闲下来的时候，嘴巴就觉得很难受，必须要吃点东西才行。"W 小姐苦恼地表示，"失恋了，吃一顿；失业了，吃一顿；心情不爽了，更要吃一顿！原来我怎么不知道，吃东西还会上瘾呢？"

面对美食，无力招架的 W 小姐沦陷了，既管不住自己的嘴，又迈不开两条腿。慢慢地，她发现苦恼的事情更多——不断变胖的身体，让她的颜值"嗖嗖"下降，甚至对健康也有了影响，慢慢反应在工作、恋爱上……好苦恼，怎么办？还是吃一口东西缓解一下吧！

好吧，一个完美的恶性循环就这样诞生了。W 小姐的"食物依赖症"，到底是怎么回事呢？

奇葩综合征 QI PA ZONG HE ZHENG

对容易缺乏安全感的现代人来说，患上依赖症实在是再正常不过的事了。生活中有太多让人脆弱的时候，一个不小心，就会让依赖对象"趁虚而入"，轻松占据心灵高地。不论这依赖的对象是食物还是人、是行为还是活动，等到反应过来，我们的身体、精神都已经离不开它们了。如果要强行戒断，身体还会发出抗议！

看到了吧，不仅仅是毒品能让人上瘾，任何事物都有可能，而 W 小姐选择的就是食物。

大约是吃货们数量太多，食物依赖症患者群体也特别庞大。有时，他们在一开始只是受到美味食物的"勾引"，告诉自己"怎么能错过""绝对不能不吃"，于是就刹不住车了……

有时，则是因为生活中感受到压力与空虚，就像 W 小姐一样，需要在"吃"上获得满足。一来二去，注意力就转移到了食物上，出现了依赖。

这时想要戒断，可不是"说不吃就不吃"这么干脆，长期依赖食物，会让人出现"脑馋"现象！别误会，这可不是"脑残"，而是一种大脑对进食信号的记忆。这种享受感，会让你在下次看到食物时，不自觉地流口水。

来自食物的毒，中了一样不好戒。

要解决"食物依赖症"？这可得花点力气。

首先，得先避免只依赖一种食物的习惯，尽量多尝试一些。美食的后宫不止三千，皇上可千万别独宠一人啊！一旦对单一食物成瘾，更不好戒断。所以，开始要保持"广撒网、多捞鱼"的习惯，什么都吃，什么都尝一点。

然后逐渐进行心理暗示，理性地克制自己逐渐少吃，尽量控制食量。

可以的话，在每次口渴或想吃的时候，就喝一点水，直到解渴再停下。不让吃，咱们喝点水填填肚子！只要别喝过多，对肠胃消化是有好处的。

用餐习惯调整好，细嚼慢咽、晚餐简单，都可以减弱依赖。最后，平时包里少囤点零食，比什么都重要。

自我感动症——你怎么还不感动，我都被自己感动了！

在你心里，什么才是"最佳表白"呢？

是安静优雅的西餐厅里，伴随着钢琴声的单膝一跪，手举戒指说一句"嫁给我"，还是人来人往的广场上，占据半个写字楼的示爱横幅下的一束鲜花，以及众人祝福的"我爱你"？

这世界上我们所能想象到的表白方式，恐怕都已经被绞尽脑汁玩浪漫的男男女女们用尽了。不过，在按照你的"最佳剧本"表白之前，你确定……

你的表白对象也会因此感动吗？

千万不要玩一出"你喜欢梨，我送你一车苹果，你为什么不开心"的戏码，感动死了自己，却感动不了别人啊！

这样的问题，朋友圈中的 A 君就犯过无数次。感性的 A 君是我们身边的"感动中国"第一候选者——别误会，这里的"感动中国"与 CCTV 没什么关系，而是"自以为能感动中国"的缩写。

A 君常常能抓住关键的瞬间，抒发一些令自己感动的情绪，好像无时无刻不沉浸在悲天悯人的情怀里。翻翻他的朋友圈，出现次数最多的就是"不转不是中国人""今夜我们都是×××""男人看了沉默女人看了流泪"之类的语句，不必点开，你就能脑补出 A 君热泪盈眶、狠狠握拳的激动情绪。

当然，如果这里面的内容，能够少一点谣言就更好了。可惜，A 君在感动之余，好像没带上自己的脑子去思考这个问题。

怎么？你说要提醒他？这可不成，没看到隔壁那个小谁的好心留言吗："小 A，你说的这是谣传，以后别信了。"

A 君可不乐意了："胡说，他们都这么惨了，你竟然一点都不同情，你太冷酷无情无理取闹了！"

要不就是："宁可信其有，不可信其无，热心的话就转起来！"

看来，他是沉浸在自己的角色中拔不出来了。说不定，在 A 君眼里，我们都是一群冷漠的看客，只有他才是心软又善良的"林妹妹"。

饱受 A 君的朋友圈荼毒后，突然有一阵，他不再转发这些了。

"怎么了？ A 君最近是突然醒悟了，不再感动自己了？"我好奇地问。

"什么呀！我看是他最近心情不好，压根没上微信。"朋友笑着说道，"听说，A 君前两天在表白现场，差点跟他追的女生吵起来！"

还能有这回事？

原来，A 君最近深深沉迷于一段崭新的爱恋，追着楼下公司新来的实习生。初出茅庐不久的单纯姑娘，压根没看破 A 君精英面孔下的世俗灵魂，更不了解他林妹妹式的精神攻击大法，很快就被攻陷了。这不，就差一层窗户纸了！

A 君就琢磨着，怎样来一场不一样的表白，让姑娘明白自己的深情。思来想去，他觉得在大庭广众之下来一场爱的告白，在陌生人的祝福中得到对方的肯定，是最浪漫的。

"光想想，我就觉得感动。"A 君表示，"小姑娘肯定最喜欢。"

于是，在办公楼下的步行街边，A 君就实施了自己的计划。正在他沉浸在自己的"深情"与"勇敢"中不能自拔时，就看到姑娘涨红着脸，一把把他拉到一边，低声吼道："你干什么呀？你怎么不提前告诉我一声啊！都让我们主管看到了！"

原来，她实习的公司拒绝办公室恋爱，就算楼上楼下也不行。A 君大张旗鼓的表白，很可能让女孩失去这份工作，不能成功转正。

"再说，我最讨厌把自己的感情交给旁观者来选择，让他们起哄，是在给我施加压力吗？"姑娘红着眼睛，说，"如果这样，我们恐怕不合适。"

这下好了，一场快开始的恋爱，就这样吹了。A 君还在那里急得跳脚："你这人怎么这样啊！多浪漫，我都被感动了，你怎么还不感动？竟然还拒绝我！"

嘿，你说，A 君到底感动了谁呢？

A君这种问题，说小一点是"自以为是"，感情过于充沛、自信心太过膨胀，说大一点，就是"自我感动症"了。

自我感动症的患者们往往都不自知，绝不认为自己有问题，反而觉得其他人"无情无义，无理取闹"。他们很容易受到外界影响而感动或哀伤，这倒是每个感情丰富的人常有的情况。但是"自我感动症"之所以是病，就在于它的异常之处。

自己感动了，就一定要分享给别人，要是别人不跟着一起感动，就认为他们不可理喻——这才是自我感动症的精髓。理智是什么？思考是什么？别人怎么想？都让他们见鬼去吧！

我感动了，你们就得跟着一起感动。——来自每一位"A君"

总是沉浸在自我情绪中，会让我们丢失理智和大脑。如A君这样，不仅每每感动自己，还要强迫别人和自己同步，殊不知就招惹了不少厌烦。

所以，在情绪激动时，控制自己"少说多做"是第一要素。没事少点赞、少转发，如果心疼灾区的同胞，就捐款捐物，难道不比广场点蜡烛有用？然后，想要感动别人，首先要做的不是感动自己，而是站在他人的立场思考。"他想要什么"才是重要的，至于你想要什么？这就是别人要考虑的了。向女孩表达爱意，不就是要投其所好才能让人感动吗？只顾着讨好自己的表白，恐怕很难得到对方的承认哦！

最后，不要想控制别人的情绪。你可以感动，但不要强迫别人感动，"多管闲事"是要不得的，宣泄自己的情绪，不要影响别人的生活。

剁手党——买！买！买！完全停不下来

女人与购物，仿佛天生就有一个解不开的结。而电子商务的时代到来后，越来越多的人发现——嘿，别说我们女人，你们男人也不差呀！

这个全民"买买买"的狂欢时代，每个月不收上几次快递，小偷都要怀疑你们家里没人住了。总之，购物变得越来越简单，一些隐藏的"购物狂"也就如雨后春笋般冒出来。

我们俗称他们为——"剁手党"。

"每到双十一，我就得变身千手观音。"小 D 姑娘双手托腮，一边郁闷地嘟着嘴，一边还不忘低头在手机上上下滑动。哦，原来是在检查自己的快递到了几个。

"为什么这么说？"

"手都不够剁了呗！"小 D 摊摊手，无奈地说，"看到什么都觉得便宜，觉得哪个都在打折，不买谁都是亏，索性全加购物车，一键清空！总之，一看到打折促销，那就是买买买，停不下来的节奏。"

不过，等买完了长舒一口气时，理智好像就慢慢回炉了。看着自己"待发货"处显示的二十几个包裹，小 D 表示——只剩纠结了。

"花了钱，又觉得没什么用。可是退掉吧，觉得浪费了难得的打折机会。考虑来考虑去，最终还是买下了，可这过程实在是纠结。"这一番心理波动，小 D 将它总结为"穷人的烦恼"。

买的时候面临着烦恼，买完了一样还是烦恼。每回促销结束，小 D 都要絮絮叨叨半个月。

"除甲醛喷雾剂？天哪，我连自己房子的首付都没攒够呢，哪来的房子需要除甲醛？"一边说着，小 D 姑娘一边把一个纸箱丢到一边，"一定是买的时候被购物之神灵魂附体了，要不就是马云爸爸的诅咒。"

旁边，丢弃的纸箱子已经垒了将近一人高，还有不断增高的趋势。看这情形，小 D 肯定是小区收废品大爷的 VIP 客户。

"既然知道自己买了一堆没用的，下次不买不就得了？"我们规劝道。

小 D 一边叹气，一边把买来的新衣服分类放进衣柜。虽然她的衣柜看起来已经被塞满了，打开就是一副要"雪崩"的状态，但小 D 还是凭借熟练的技术——俗称"大力出奇迹"，将衣服塞了进去。

只是不知道，过阵子她又要拿多少不合适的新衣服送给朋友同事呢？别问我怎么知道，这简直成了惯例了。

"我也想控制自己的购物欲望，可是每次见到促销活动，尤其是打折力度超过五折、降价超过两百的时候，我的手就不属于自己了。"小 D 一本正经地展示着自己早该被剁掉的右手，"不买的话，绝对一晚上睡不着觉。"

将看到的打折货买下来，已经成为小 D 的一种强迫症了。除非你瞒着她促销打折的消息，否则是绝对控制不住她的购物欲望的。

这个诅咒，就算是亲自在 shopping mall 逛街，一样也摆脱不了。甭管合适与否，看到降价她就要凑上去看，衣服试了一件又一件，就算朋友们一脸嫌弃、齐齐摇头，她也常常一副"英勇就义"的模样，然后放下衣服，转身——付款去。

哪怕第二天就会后悔，一次也不曾穿上身，"买"这个过程，那是必须得有滴！

所以我们才说："小 D，就你这个剁手的习惯，还是穷点好啊！"要是一不小心富起来了，保管第二天就能让她把自己打回原形——全花在商店了呗！

难道真的有"购物之神"，给可怜的小 D 施了魔法，让她的右手"加了特技"，才让她步入了强制性剁手的行列吗？如果不这么解释，"剁手党"们又是一种什么心态呢？

怪异心理学

各位先生女士，如果你的家中也不幸有了一位"剁手党"，千万别忙着抱怨他"败家"，而是要以关怀病人的方式，待他像春天一样温柔。因为，他很可能有"强迫性购物"症状哦！

并不是每个使用钱包频率过高的人士都有幸成为强迫性购物者的，所以以"我病了""控制不住我自己"为名买买买，实在不是好借口。真正的强迫症购物患者，能够长期保持"买"的欲望，每周都要有几次购物，严重的甚至每天都要有十几单网购。

传说中靠买买买刷到皇冠的淘宝用户，大概就是后者了。

如果强行不让其购物，他们的心情会十分低落，买东西时却会兴奋至极。这种兴奋不来自于即将收到的货物，仅仅来自"花钱"这个过程。估计，败家女、败家子就是这么养成的。

而一旦东西买到，又会被购物狂们嫌弃，最后置之不理。这是很正常的，毕竟他们享受的是过程，买到的货物都是赠品呀！

有病？得治！

家底再丰厚，也不能任由"剁手"的欲望疯长。一旦不进行遏制，购物狂们可能会产生更大的心理压力，甚至自责为什么要买，陷入忧郁状态，这就是恶性循环了。

所以，将手接回去，势在必行。

首先，"剁手党"们靠着付款的那一刻带给自己愉悦，往往是在进行减压。平时多在其他途径减轻压力，找到压力的源头并逐个击破，让心灵放松下来，才能根本上解决剁手问题。

原来，任性的剁手狂魔们，背后其实都是默默承受的"亚历山大"啊！

其次，要在行为上进行针对治疗。对随性购物说"不"，买东西可以，但是要有提前的计划，按照单子购买，绝不多买一样。同时，身上少带钱、支付宝解绑银行卡，每个月留一点剁手资金就行了。这种"穷人疗法"，简直是从根本上治愈剁手党的良药。

仓鼠星人——我的梦想就是住在仓库里！

毛茸茸、个子小巧的仓鼠堪称是"卖萌利器"，就连它们稍微有些吝啬的小习惯，看起来也格外戳人心肺。什么？你说仓鼠哪里吝啬？还不是这群家伙仿佛葛朗台似的囤积癖好。

不管是新鲜的粮食还是柔软的木屑，或者是一块过冬的保暖棉花，只要仓鼠看到了，都会一丝不剩的藏在隐藏在自己嘴巴中的"大口袋"里，扭着屁股搬运回家。哪怕家中的财富已经足以把自己埋起来，足以天天枕在最爱的花生瓜子上睡觉，也不妨碍它们"台风过境"似的搜刮。

多少人在被这群小家伙萌到的同时，也发出这样的感慨："要是我也有一间仓库，像仓鼠一样囤积着最喜欢的东西，我就死而无憾了！"可是，如果真变身"仓鼠星人"，恐怕最先嫌弃你的就是你自己。

C女士就是隐藏在我们生活中的"仓鼠星人"，虽然是个妥妥的地球人，可一身习惯却跟仓鼠一模一样。

一开始，我们只认为C女士略微有些"抠门"，看到什么都喜欢拿回家。公司一起聚餐，C女士保准要充当一下餐厅服务员，在最后"打扫"一下餐桌。不过，她挥一挥衣袖，带走的可不是剩饭剩菜，而是餐桌上剩下的各种纸巾、没抽完的烟与糖果。

"这叫节俭，你们这群年轻人不懂。"公司的老大姐赞赏地评价。

可同办公室的人却叫苦了。原来，节俭的C女士也把这套"走过路过、不要错过"的战略运用在办公室。共用一个厕所的同事们，常常发现公司的厕纸盒是空的，时间一长大家就知道了——原来C女士如厕完毕不仅有顺手冲水的好习惯，还顺手收集厕纸呢！

"这……"老大姐终于没话说了。

发现大家对自己有点误会，C女士似乎很不好意思，思来想去使出了终结流言的大招——请朋友去家中做客。

嘿，没想到周末同事们去了一次她家，回来就再也不抱怨 C 女士"吝啬"了，反而有些隐隐的同情。这是怎么回事？

"小 C 绝对是有囤积癖！唉，她平时也不容易，只是拿点卫生纸就算了，要是不克制着说不定咱们连办公桌都见不着了。"她的同事这样说。

原来，周末去 C 女士家中做客的朋友们，无一例外，全都被眼前的"壮观景象"冲击到了。

一套一百五十多平米的大房子，在没有多少家具的情况下，竟然看起来十分充实，这绝对有赖于 C 女士数年如一日的收集。客厅的角落里垒着高高的一摞"不明物体"，看着倒是相当整齐，外面还盖着罩布。可是掀开一看——得，这不是失踪已久的那些卫生纸吗？

将卫生纸堆得比双开门冰箱还要庞大，一般人是做不到了。C 女士的丈夫苦笑着说："你们还别惊讶，这还只是最正常的收集物呢！"

等大家见识了 C 女士家的杂物间，才发现那的确只是"收藏小天地"中的冰山一角。几十年不穿的旧鞋子、上世纪七八十年代的旧衣服，大到地下室里已经骑不动的"二八大杠"，小到许久之前放映厅的电影票根……真是琳琅满目，应有尽有。

"难道，您是搞旧物回收的？还是开民间博物馆啊？"一位同事郁闷地说，"问题是，谁会参观卫生纸呢？"

C 女士的丈夫叹了口气，吐露了答案："这些，可都是我妻子平时囤积起来的！是不是一点用都没有？可你要给她扔了，她能跟你急！"

据说，就连 C 女士每次出差、旅行，都会带回大包大包的收集物。从宾馆的牙刷牙膏，到一次性拖鞋，只要能带走的，她就绝对不会留下一张纸片。就这样，C 女士成功把家改造成了一个大号仓库。

能住在仓库里，大概也是她最幸福的事了吧！这位"仓鼠星人"的生活，你能享受得了吗？

怪异心理学

"仓鼠星人"们都是囤积爱好者，特别喜欢囤积生活中特定的某种或者所有物品。就像仓鼠一样，哪怕自己用不到，只要攒得数量多了，就有安全感。

一开始，人们把它当做一种强迫症——控制不住自己的囤积欲望，只能不断重复囤积的过程，可不是强迫症的表现？可事实上，它比强迫症还要麻烦。如果是强迫症，囤积的过程必不可少，但是屋子里塞满了东西时，完全可以将它们清除。可是囤积癖则不同，只要作势要扔掉他们的"收藏"，哪怕是一个小小的兵乓球，他们也会饱受痛苦煎熬。

说跟你拼命就拼命，可不是闹着玩的哦！

之所以会有这种表现，往往是人们没有安全感、认为生活缺乏保障，而生活中受到过创伤、挫折的人更喜欢将感情寄托到囤积物上，以此来逃避现实。还有一部分人，则是遗传导致的。

所以，"仓鼠星人"的血统还是一脉相承的，如果不改掉自己的习惯，说不定还会培养出一只"小仓鼠"，这就不太妙了。

有病？得治！

想要把人从仓鼠星球拉回地球，需要进行行为上的引导与治疗。首先，让患者产生情绪转移是很重要的。有些人将囤积物当做自己的重要收藏，甚至认为它们的地位高于任何人，这就是一种不合理的认识。丰富患者的生活，让他们尽快"移情别恋"，显然势在必行。

大多数囤积癖之所以影响生活，是因为他们不能妥善地管理囤积物。将收集来的饮料瓶子堆得屋子满地都是，让家变身垃圾场，或者把收集来的动物放在卧室满地乱跑，都会造成"人间地狱"般的混乱。合理地管理囤积物，既可以温和地引导囤积癖者，又能让他们正常生活。

"突然丢掉"这样的措施是绝对不可取的哦！太简单粗暴，可能会导致胆小的仓鼠星人们精神崩溃，甚至抑郁。所以，循序渐进才最重要，慢慢地引导他们放松，意识到"囤积"是一种疾病，逐步改善才是最佳办法。

第二章
"恋爱差生"最爱犯的"病"

· ·

我单身，是因为我对一份感情太深沉——打住。放下单身狗的自我安慰吧，你单身，很可能是自己有了问题！为什么你的恋情总是不顺，身边的人却总是成双入对？先从自己身上找找原因，来看看恋爱中的这些"心理问题"到底占了多少吧！

爱情恐惧症——谈恋爱？不要，我要好好学习

古今中外，关于"爱情"的议题从来没有消失过。少男少女们一边傲娇地叫嚣着"爱情是终结自由的杀手""才不要酸臭的爱情腐蚀我的自由身呢"，一边撕咬着口中的手绢，咬牙切齿地诅咒那些情侣们。可是，只要给他们一个机会，保准他们会摒弃自己"单身贵族"的身份，奔向另一半的怀抱。

而且，还可能嘲笑曾经的队友们是"单身狗"哦！

不过，这世界上也存在着一类恐惧爱情的生物，出于种种原因，他们无法真正地享受爱情，反而时刻像放哨的兔子一样小心而警惕，将自己的伴侣当做敌人一样防备。这，就是"爱情恐惧症"的人群。

我的闺蜜小B，作为一个典型的大龄单身女青年，就患有严重的爱情恐惧症。

"单身久了，总感觉迈不出脱单的脚步，觉得一个人也挺好的。"小B这样形容自己的状态。对于那个无数人在青春期可能问出的矫情问题——"你相信爱情吗？"小B的回答是格外坚定的：

"呵，那是什么玩意儿？"

每次遇到感觉不错的对象，她就要这样冷嘲热讽一番。人家跟她谈爱情，她就非得说说面包，一定要掰扯清楚几套房、几辆车几张存折；人家要是跟她谈面包，她就又有理由了——"功利！肤浅！不诚心！"总之，都是不合适。

"那，是你对他们不满意吗？"每次我们这样问时，她总是摇摇头。

"别的地方，我还挺有好感的。可惜啊，观念不同。"小B总是这样，云淡风轻地以"没缘分"带过。其实，哪是别人跟她观念不同，实在是小B总爱跟他们对着干。

所以，不管是相亲对象、同事、朋友的朋友还是旅游认识的同伴，每个跟小B看起来"有戏"的男人，最后都会被她以各种方式拒绝，或者因为小B的故意刁难而退却。

而我们这些朋友，也完成了从最开始的"看到一头公猪都想给她介绍介绍"到"听说长得像吴彦祖？估计还是没戏，不如介绍给我吧"的华丽转变。

"我看啊，她也不是不想恋爱，压根就是她害怕恋爱，所以才把别人放在安全线外！"一个朋友一针见血的评论。

后来，在大家的劝说之下，小B总算是迈出了第一步，答应跟别人试试。对待男友，小B一改过去高岭之花的性格，变得患得患失起来。

"以前不敢恋爱，就是不相信男人可靠。现在恋爱了，更是担心他做出对不起我的事！"小B一脸严防死守的表情，活像保卫自己碉堡的战士，前提是她也得遇到敌人才行。

"问题是，你不是没查到什么吗？"我们无奈地问。

小B对新恋情的侦查手段，那简直是无人能敌。先是将她男友扯过来一起做心理测试，从不靠谱的星座关系一直做到传言中的哈佛心理答卷，一项项甄选过去，一次次盘问完毕，连我们都忍不住为她男友捏一把冷汗。

他可真能扛啊！大家心里大约都是这样想的。

这一轮过来，小B明面上放心了，暗地里却常常窥伺男朋友的动态。从网络到生活，从财务到交往，她全都查了个一清二楚。不信，你问她男友昨天在办公室叫了什么外卖，她说不定都能答出来！

"这不是中年妇女查出轨丈夫才用的手段吗？你……你可真有侦探天赋。"我们曾这样说。

可就算把男朋友查了个底朝天，小B也压根无法放心，常常疑神疑鬼。最后，她男友都忍不住向我们伸出求助之手了。

只是，这爱情恐惧症，到底该怎么治才好？

怪异心理学

在恋爱过程中，爱情恐惧症可能在任何一个阶段骚扰你。要是你不能坚定地相信爱情，说不定就要被恐惧心态捕获，彻底变成另一个人。

恋爱前的恐惧，表现在拒绝恋爱上。一个长期保持"单身狗"状态的家伙，可能还会对变成"人"产生不适，对二人世界感到陌生与不安，因此出现恐惧，拒绝恋爱。这是因为，人们本能地不愿改变自己的生活，又不愿意接受可能分手的结果，干脆就不要恋爱了。

而进入恋爱中，后悔是来不及了，恐惧就会变成焦虑。提前进入更年期的疑神疑鬼，常常出现在这类人身上，他们往往怀着无穷的好奇心探查自己的另一半，好像在抓出轨证据，时刻处于战斗状态。

一场恋爱结束后，由于受到伤害，也会产生恋爱恐惧。文艺点说，就是"失去爱的能力"，时刻保持着忧郁诗人、教堂修女的情况，提不起精神寻找"第N春"，大概就可能感染了恐惧病菌。

有病？得治！

恋爱是一场勇敢者的旅行，治疗爱情恐惧症，首先就要对自己、对爱情培养足够的自信。引导自己从封闭的环境走出来，去尝试一次恋爱，是克服恐惧的开始。

如果曾经在爱情中受伤，失去了爱的激情，则需要努力地"回忆"。多想想初恋时的心情，实在不行就看看冒着粉红泡泡的"虐狗片"，保管看完分分钟少女心爆棚，吵着嚷着要一个恋爱对象。

这些爱情片，就是对恐惧者最好的"安利"。

之后，选择一个有好感的对象，先进行尝试性约会。可以将他的优点写下来，每天看一看，以给对方"加分"。最后，一定要注意跟恋爱对象的沟通交流，别在恋爱中做个"锯嘴葫芦"，有问题就问，有担忧就说，这样疑神疑鬼自然消失于无形了。

水仙花综合征——自我陶醉也是病，你知道吗？

在希腊神话里，不知道多久以前，有个沉醉于自身美貌的少年。这家伙一生最大的遗憾，大概就是不能像他人一样时时欣赏到自己的脸。所以，当他第一次在水边看到自己的时候，立刻就陷入爱情了——世界上竟有如此美貌之人？要是不爱上自己，我都觉得亏了！

从此，他不愿意离开水边——废话，离开了去哪里找这么清澈的镜子？最终溺水而死，化成了一株美丽的水仙花。

希腊少年倒是死得十分干脆，却将同样的苦恼传染给了人类。于是，"自恋狂"们诞生了，他们随身携带着"水仙花综合征"的病毒，在人间肆意祸害。

我身边就有这样一位"水仙花综合征"患者，暂称他为C君。C君的自恋症状十分典型，一贯以"我说的都是对的，如果我说的不对，请参照第一条"的标准生活，在他的字典里，大概就没有"错"这个字眼。

幸运的是，C君的家境颇佳，大学毕业后就进入父亲的公司工作。作为同事们眼中的"小太子爷"，C君不沾黄赌毒也不掺和办公室斗争，还是一根明晃晃的"金大腿"，这小小的自恋症也就不被人当作缺点了——要不是因为这点，他早就因为太自恋被炒回家吃自己去了！

所以，C君第一次在自恋症上吃亏，竟然不是在工作、生活中，而是在女朋友这里。

"四个啊！一年就吹了四个女朋友！其中半年还是空窗期！"C君歇斯底里地控诉着，"难道是我走霉运？还是她们都眼瞎了吗？为什么看不上我这么个优质对象！"

听到C君到现在还不忘自恋，我忍不住翻了个大大的白眼。

"好吧，我刚才只是开玩笑，可是，我确实想知道为什么会被甩啊！"C君摸了摸脑袋，终于放低了态度。不过我敢保证，刚才也是他的心里话。

既然这样，就来调查一下吧！

"为什么跟他分手？谈了一个月恋爱，吵架十三次，他没有一次觉得自己有错。"第一个女友淡定地描述着，"总是找各种理由来证明是我错，如果我不信，就扯一个巨荒唐的借口，而且他自己还深信不疑！"

最后一次，C君约女友吃饭，却因为睡午觉迟到了。到了地方，不等女友质疑，他先一副理直气壮的生气样子："你看看你，不提前约好时间，等急了吧？下次跟我说清楚时间。"

女友气不打一处来，拿起手机向他展示自己之前发出的信息，上面正是约定的时间。

"我……我这不是没看到吗！唉，都怪手机没有提示音。"C君赶紧狡辩道。

话音刚落，一条信息正好发来，"叮咚"的提示音格外响亮，场面一下尴尬了。

第一段感情，over。

"每次给他打电话，他总是嫌耽误他的时间、打扰他工作。他不能随叫随到，我却要24小时随时待命。"第二个女友嫌弃地说，"你告诉他，我比他还忙、赚得比他还多！让我给他当老妈，想的倒美！"接着，电话挂了。

好吧，第二段感情，over。

"什么？不是他先结束这段感情的吗？整天暗示我不要干涉他的生活，说他还要再打拼几年暂时不准备结婚，甚至连恋情都是我催着才公布的！"第三个女友这样说，"搞得我像地下小三似的，我想着，他一定不在乎我俩的关系，还不如早点散伙。"

第三段感情……

"恋爱前对我态度倒是很好，一恋爱就像变了个人，好像我是他的仇人一样。"新出炉的前女友表示，"反而喜欢跟别的女生献殷勤，这算什么？

吃着碗里的望着锅里？拜拜，不送！"

"等等，我那都是礼貌啊！根本没有劈腿的意思好吗？"C君赶紧哀嚎了一句，可惜，对方早就挂掉了。

四段感情，就这样结束了。C君，你还觉得自己没错吗？

怪异心理学

在水仙花综合征人群的心里，他们永远都是惹人怜爱的"美少年"，自信心爆棚是他们的共同点，"我不会犯错，如果有错，一定是别人犯的"是他们的中心思想。所以，在遇到分歧和面临指责的时候，他们往往会表现出巨大的攻击力，哪怕强词夺理也要武装自己"没错"的立场，而攻击力则与自恋程度成正比。

同时，他们还深深地爱着自己，并潜意识里嫉妒任何一个与自己过分亲密、要争抢自己的人。所以，当对方还不是恋人的时候，他们处于安全线外，可以得到正常、礼貌的对待；一旦变身为恋人这样的亲密关系，就进入了安全线内，有了"爱人"与"情敌"的双重身份。

这注定，会让水仙花们用矛盾的态度对待对方，一方面十分亲密，一方面则表现冷淡、喜欢挑刺。

有病？得治！

要想防止变身"水仙花"，最简单的办法就是预防。从娃娃抓起，是防止养成"自恋狂"的重要一步，各位有心教育下一代的朋友，一定要注意了。

如果水仙已经长成，还张牙舞爪的开了花，就得从精神方面入手。先认识到"自己太自恋"这个事实，同时进行长时间的自我暗示"我在这方面还不是很好""那方面我需要更努力"，而不是一味的自信狂妄，这样可以有效抑制与改善。

当然，身边的朋友们也不要嫌弃这样"改过自新"的小水仙们，用亲切的态度对待对方，用春风般的语气对他们进行敌人一样的打击——从各个方面，然后再给个甜枣，让他们产生"我还有救"的信心，你的工作就差不多成功了。

而"水仙花"们自己，也需要更多地学习如何去爱人，如何主动撤销那条安全线。

分手狂魔——有一个我是爱你的，但另一个不是

谈恋爱最怕遇到什么？难道是段位比自己高的"恋爱大咖"？

No！No！No！相信每一个想认真恋爱的人，只要思考几秒就会毫不犹豫的做出选择——

最怕遇到"花心大萝卜"！

有什么比前一秒还说爱你，后一秒却变了心，屁颠屁颠跟在别人身后手捧鲜花说着同样的情话让人恼火伤心呢？

我称这类人为"分手狂魔"！如果说他们也有人生目标，那就是让分手的频率变得比喝水还快。

他们应该算是彻头彻尾的渣男了吧？然而当你问起"分手狂魔"们的感受时，他们多半还会觉得委屈！

Oh，My，God！

这个世界疯了吗？！

"难道我不想找到人生真爱吗？我从没想要弄别人，可是感情真是无法控制啊！"说这话的正是一位公认的"分手狂魔"，我们姑且叫他 A 君。

前天，A 君刚跟自己第 18 任女友分手，姑娘泪水涟涟的追问他："电话也不接，约会也不赴，整天躲着我，为什么？你说，是不是你变心了！"

A 君长叹一口气，说："我觉得我的身体里住着两个人……"

"别跟我扯，要分手直说！你以为自己装精神分裂我就能原谅你？"

"不是……我是想说，有一个我是爱你的，可另一个不爱啊！"A 君认认真真地说出了自己琢磨许久的"原因"。

姑娘呆愣半天，轻蹙眉头，长叹一声简洁明了地说了句："你混蛋！滚！"随手抡起包气势汹汹的给 A 君来了一下，潇洒离去。

被狠狠砸了一下的 A 君十分无奈，这是他第 18 次伤女孩的心了，更

是无数次被痛扁了，他的内心复杂，恼火却又无可奈何。

"我说的是真的呀！"

这话搁谁都不信，在外人看来，这明显是一个渣男毫无技术含量的借口，然而了解 A 君的人都知道，他还真不是骗子！

A 君对待每一段感情都是认真至极，更是每一次都抱着结婚的念头去交往，无奈分手频率还是居高不下，因为他总是觉得心里还住着另外一个自己，是否要跟一个女孩交往下去，两个人每次都无法达成统一。

A 君是个感性的人，爱起来专一又疯狂，尤其喜欢一见钟情的 Feel。"你知道什么叫'金风玉露一相逢，便胜却人间无数'吗？"A 君曾这样跟基友形容自己对女友的感情。

可惜，不解风情的基友面无表情地摇了摇头，"Fuck U！"

"哎，就是……我一看到你，就仿佛看到了整个世界。"（基友扔下游戏机，头也不回扬长而去）

孤独的 A 君每次主动"失恋"之后都会找基友倾诉，或许是真的不解风情，或许是听腻了他的故事，基友最常说的一句话就是："Fuck U！"

为什么 A 君"名声在外"，却依旧能俘获妹子无数呢？

除了长得真的很帅之外，就是他所表现出来的真心与热情了。A 君要是爱起来也是很疯狂的，每一场恋爱谈得都是轰轰烈烈，999 朵玫瑰、烛光晚餐这些都是"餐前甜点"，爬桥、扒火车、跳伞、蹦极……只要是他能想到的示爱方式都试过了，这下读者朋友们不难理解了吧，为什么 A 君能够屡屡得手，因为每一次爱恋他都全情投入，疯狂又痴迷。

可是，A 君的爱情虽然热烈，保鲜期却实在不长。每次有了女朋友，还没腻歪几天，闪瞎单身狗的眼，A 君就变得郁郁寡欢起来。

问他怎么了，A 君这样说："感觉没有恋爱的心思了，觉得工作都比恋爱舒坦。"

女孩一感到这种落差，自然觉得对方变心了，一句"老娘不干了"甩给他，分手记录又添新高。最可恶的是，A君受到打击没多久，就会又"生龙活虎"起来，积极投入下一段感情。

看来，问题还是出在A君身上。然而，你要说他是彻头彻尾的渣男吧，人家也真是苦恼，可没几天就会再次投入新的恋情。那么，A君到底是臭渣男、分手狂魔，还是另有隐情呢？

怪异心理学

导致A君成为"分手狂魔"的真实原因并非是他所说的双重人格，他还没病到那份上。他所患的心理疾病属于轻微"环性心境障碍"。

环性心境障碍表现为有时情绪过分高涨，有时则低沉抑郁——总之没有正常的时候。这种变化很快而且有持续性，体现在感情上，自然就是"忽冷忽热"了。只是，在情绪低沉、对待感情冷淡的时候他们不会感冒，只会选择分手。而等到下一次情绪高涨的时候，他们就会重新积极的、亢奋的甚至是无节制的追求异性，要说不是花心，还真有点难以置信。

当然，并不是每个"花心萝卜"都能用自己有病来开脱，因为环性心境障碍还会表现在其他的地方。这的确就像身体里住着两个人，其中一个的标签是"积极向上"，不仅恋爱积极，工作也相当努力，更是才华横溢、创造力十足，堪称老板的好下属、爱人的好伴侣、同事的好搭档。唯一的缺点就是容易过于兴奋，比如在各种场合发表意见、大手大脚的花钱，后者要是赶上双十一，实在是一种人间惨剧啊！

另一个标签就不太阳光了，恋爱消极、做事拖拉、思维混乱，全身上下刻着四个大字"了无生趣"，实在是谁看谁扶额。而这两种标签的人格往往频繁切换，没事就变个脸，要是遇到这种情况，不必怀疑，就得去好好看看病了。

有病？得治！

　　"分手狂魔"频繁"变脸"只会让异性敬而远之，对自身及他人的影响是极大的，所以必须及时治疗。

　　从自身角度讲，"分手狂魔"们最大的问题就是根本不知道自己的问题出在哪里。连病都不知道，上哪治去？于是，他们就只能高高兴兴的跟着自己的情绪走，不回头地走上了一条损人不利己的错误道路。

　　环性心境障碍患者首先要意识到自己出问题了，才能开展自救。第二步就是要学会跟情绪"作对"。以"情感障碍"患者为例，尤其是分手狂魔这类，当情绪高涨得不行、恨不得见谁爱谁的时候，一定要问一问自己"我真的喜欢吗"，控制住那双伸向异性的"狼爪"；等到情绪低落、无心恋爱的时候，则多想一想之前美好的状态，重新点燃爱情的火花。

公主病——全世界都要围着我转，包括你家的狗

说起"公主病"这个词，身为"小公主"的周董大概是最了解的，一首同名歌曲，一针见血地描绘了这种神奇的生物。

不管是"你丢飞盘我学狗来接"，还是"要我学后羿射太阳，因为你说太热"，大概都道出了不少男生的心酸。在身为"公主"的姑娘们眼中，就算她想要天上的星星，你也得立马去学习造火箭，一刻都不能耽误。

想要伺候好"小公主"们，光做个五讲四美、宜室宜家的好男人是没用的，就连出现在姑娘们的梦中，也得是个完美另一半的形象。

否则？

大概你的公主就会哭着说你背叛她了——虽然是在梦里，但这也是你的错呀！

我相信，每个人的生活中，都会遇到一两个将人生致力于作天作地的"小公主"或"小王子"，他们理直气壮地恃爱行凶，将奴隶制社会的剥削完美地嫁接到社会主义接班人的身上，还运用地得心应手。B君的女友，就是这样的角色。

"我女朋友哪是公主啊，那就是女王大人！"B君的好脾气，在女朋友的身上似乎快消失殆尽了，"只要她在的地方，就必须成为众人的焦点，全世界都该围着她转，就连我家的狗都不放过！"

一个连B君家里可怜的小京巴都使唤得团团转的女主人？似乎很难想象，这就是他娇滴滴女友的另一面。

在B君的描述中，女友就是个大龄婴儿，一把年纪了还沉浸在偶像剧女主角的设定中不能自拔。对待两个人的共同财产，她一贯秉持着"没有你的我的，全部都是我们的，而我们的都属于我"的态度，自己清空购物

车时从来不含糊，B君充十块钱话费都要被她盘问花到哪里去了。

平时互相联系时，B君必须保持24小时在线，什么"电话响三声就得接""短信一分钟之内必须回复"那都是小Case，最可怕的是，如果B君不接电话，这位姑奶奶必将一次又一次持之以恒地打。这难道是有什么急事？当然了，她急着教训那个胆敢不接自己电话的男朋友呢！

除此之外，好像……还真没什么别的要紧事。

而B君主动联系她则不同，早上9点前、晚上10点后是休息时间，此时打电话那就是踩了雷区。下午，还有不定时段的午睡状态，不小心吵醒了，那可是要变身母暴龙的哦！打扰了工作也不行，可要是不打，B君就必然会收获一个"你从来不主动联系女友"的差评。

总之，就是一个词——难伺候。

"有她在的地方，我就得变身超人加奶妈，一边无微不至地照顾她，一边还要保持风度翩翩、十项全能，平时随叫随到，关键时刻能文能武，你说，有这样的人吗？"B君苦恼地说。

就算有这样的优质青年，真的轮得到她吗？就这脾气，真公主也没有竞争力吧！

根据B君的情报，自己的女友早先可是获得了"十二人斩"的威名，那就是一连被十二个前男友主动提出分手——简称被甩，而女朋友则表示："明明我什么都没做错，他们为什么态度变得那么快？一定是做了对不起我的事，要不就压根不是好人，我真是遇人不淑。"

开始，B君觉得女友只是小刁蛮，同仇敌忾地表示："他们都是瞎了眼！"不过现在，这家伙的态度可是一百八十度转弯了……

"我真想握住那些前辈的手，让他们快点把我拉入前男友阵营啊！"B君鼓了鼓勇气，决定明天就去说分手！一想到要面对暴怒的女王大人，他还真有点不敢说出口。

我们面面相觑，过去那对甜蜜到闪瞎人眼的恩爱情侣，就要这样各奔东西了吗？"公主病"的威力，还真是挺大的。

"公主病"是什么？其实，它与男性经常犯的"王子病"同出一源，都是彼得潘症候群的另一种形容词。

彼得潘症候群的患者，都像是深受宠爱、长不大的孩子一样。他们自小就深受宠爱，虽然长大了也依旧离不开公主王子的待遇。这样的患病人士，往往脱离不了"骄纵""自大"的标签，沉浸在"全世界我最完美、所有人都要宠着我"的梦幻世界中，在任何场合，都毫不怀疑自己应当成为主角，并且获得最好的待遇。

与这样的男女相处，的确是件很累人的事。他们总把自己看得很高，却将所有的缺点、错误都推给别人。永远以"尔等凡人"的态度对待他人，却不考虑自身的能力高低与应当承担的责任。所以，"公主"和"王子"们，在恋爱、工作时往往遇到各种问题。

没办法，谁也受不了这种脾气呀！

一把年纪还待在彼得潘的世界中不肯出来，看似是美满的童话，其实只会遭人嫌弃。大概正是如此，彼得潘的世界中只有孩子而没有大人——骄纵，本来就是孩子的特权。

所以，进行心理治疗是必要的。要想治愈"公主病"，光把"公主"们带来还不够，还需要公主身边的保姆们——也就是那些骄纵她们的亲朋一起配合。只有在亲人改变态度的前提下，进行长期的心理干预，让"小公主"赶紧接受一下现实的冷水，才能重新建立正常的生活态度。那些新闻中家道中落、半途奋起的公子哥们，大概就是经历了这样一场冷酷而现实的洗礼，才迅速地成长起来。

　　要是不扭转亲人的溺爱，就算花费再大的力气，"公主"们照样有可以挥洒脾气的温柔乡，永远都不会改变。

找妈症——不好意思，这个……我得问问我妈

你还记得自己是几岁断奶的吗？

什么？这个问题有点羞耻？这和身高体重一样都是3S级的个人隐私？好吧，那我们就不来分析你的小秘密了。不过我相信，除了个别对母乳有着迷之喜爱的孩子们，大多数人在两到三岁前就断奶了。

就算你不想断，亲爱的老妈也会使出帮你戒毒的劲，帮你成功戒奶的。

可是，这个社会上还活跃着这样一群没断奶的家伙，他们可能十几岁、二十几岁甚至三四十岁，从事着不同的工作、拥有不一样的个性。可不管他们在外面是怎样的成熟稳重，亦或者活泼大方，私底下都是一个状态——

"这事你问我？一分钟！等我一分钟，让我给我妈打个电话。"

遇事先找妈，雷死你我他，这就是身患"找妈症"朋友们的日常。

有"找妈"习惯的男孩子，我们也往往亲昵地称呼他们为——"妈宝"。对大多数姑娘们来说，找个妈宝男的后果不亚于劈腿男。"我宁愿承认我自私冷酷没有爱心，也不愿往家领这么一个大龄婴儿。"我的朋友小K这样说，"跟他比，我还不如养条狗呢！至少狗能逗我开心，他行吗？"

"他……他能逗他妈妈开心呀！"迟疑半天，我忍不住说出了实话，招来一个白眼。

原来，小K就遇到了这样一个"妈宝"。性格强势的小K是个名副其实的"女强人"，最讨厌的就是大男子主义者，她曾经信誓旦旦地声称："我就是喜欢姐弟恋！就是要找一个软萌可爱的男孩子！"没想到，还真让她找到了。

对方虽然年龄比小K大，没能达到她"姐弟恋"的要求，可其他属性却全都点满了。跟一般的男生不同，这个男友上得厅堂入得厨房，脾气软糯、性格极好。在外面事业也算小成，可难得的是从不大男子主义，既能主动

承担家务，又愿意陪女朋友逛街玩乐，堪称二十四孝男友嘛！

"你可真是太幸福了！"初初接触了一下，我们都做出了这样的评价。

可真相处起来，却不是这么回事了。一次，小K与男友同居的屋子马桶堵了，她愁眉苦脸地看了半天，心想：这事还不得男朋友出马？可回头看，男友也跟着一脸为难，连袖子都没挽起来，典型的压根没想动手。

"马桶堵了，难道不是你来掏？"小K郁闷地问，这跟她还单身有什么差别？

男朋友倒是脾气好，愣了愣就答应了。可下一秒他就拿起了电话，拨出了熟悉的号码："妈啊，马桶堵了该怎么修？"

"你是不知道，他妈妈教给他怎么修马桶之后，那个心疼哦，好像自己儿子做了什么艰苦的劳动。"小K吐槽道，"第二天一大早就往我的邮箱发了一个文件，我打开一看，竟然全都是他儿子的生活习惯！"

除了"我儿子不太会维修电路，这种危险的事最好叫人来做""他虽然愿意做菜，但是还是要以工作为重嘛，小K你也跟着分担分担"这样的话，就是"他喜欢吃花菜，但是不能吃青椒的，也不能吃葱和蒜"等生活小细节，足足列了几十条，态度倒是很好，可是……

"阿姨跟我说'麻烦你了'，她也知道这一伺候他太麻烦了啊！"这么一衬托之下，作为资深老电工能下厨不挑食一口气抬水上五楼的小K觉得，自己好像才是个真汉子。

"他妈妈对我们的生活插手太深，可我根本不能说什么。"小K郁闷地说，"只要我一抱怨，他就生闷气，觉得我不尊重他妈妈。"

男友甚至连婚房要买什么花样的家具，都更愿意听从老妈的指挥，对母亲的"言听计从"程度可见一斑。平时一旦遇到什么小问题、小困难，第一个想到的绝对不是自己这个女友，而是给远在千里之外的妈妈打电话求助。

"妈妈呀，你说这样我该怎么办……""妈，我在单位遇到了……"

整天"妈妈长妈妈短"的男友，终于让小K爆发了。

"我再也不要听他说什么'我妈说要这样''我妈要那样了'，更不想知道他妈妈是个多好多完美的人！"小K气急败坏地说，"就算他嫌弃我不孝顺脾气大，这个手我也是分定了！"

做人太"妈宝"，的确是很有被甩的危险啊！

怪异心理学 👉

小K男友这一身体谅女性的好习惯，都是在母亲的权威影响下养成的。从小生活在母亲的羽翼下，他学会了尊重、体谅女性，可另一方面，他却也成了真正的"妈宝"，"一切依靠老妈、一切听从老妈"的态度，贯彻到了极致。

并非只有男性，"妈宝"在女生中也不少见呀！这些遇事就习惯"找妈"的男女，其实都是尚未成长起来的"大龄婴儿"。他们受到父母无微不至的保护，而父母的权威性又很重，从小遇到的烦恼困难都由家长给解决了，自然让他们忍不住将妈妈当做"哆啦A梦"，遇到问题就求救。

这样的"妈宝"们，大概都是听父母话的乖宝宝。一口一个"我妈说""我妈妈要这样"是他们的标配版，一遇到妈妈就化身含糖量巨高的小孩是他们的升级版，想一辈子生活在妈妈的羽翼下、分不清自己的生活跟妈妈的生活有什么差别，大概就是终极版了。

对"找妈症"的群体来说，"妈妈"那就是指路的灯塔、翻不完的辞海、人生的领航员，再多的人也取代不了她的身影。遇到这样一个对象，你大概就要小心了。

有病？得治！ 👉

大多数"找妈症"患者并不明白自己哪有问题。他们大概将"孝顺"与"愚孝""言听计从"混为了一谈，只想做妈妈的好宝宝，却失去了自主思考的能力。所以，让他们意识到"我这样不正常"是要紧的一步。

对"妈宝"而言，思想上找到问题，行动上却不一定能做到。因为离开了妈妈，他们真的举步维艰。在老妈温暖的臂膀下好吃懒做了这么多年，一下子面临社会的严酷？哦 NO，你还不如杀了他们。所以，循序渐进地离开母亲的怀抱，学会慢慢独立，才是安全的成长过程。

行动上独立了，心理上一样也得"立"起来。要摆脱"我妈说"的口头禅，需要有自己的主见，需要能承担责任，还需要足够坚强。这一点，说起来容易，要改却任重道远。

不过，人总是要长大的，慢慢改似乎还来得及。

骑墙症——墙里开花墙外也香，骑在墙上风景更好

在钱钟书先生的小说里，婚姻就是迈入一场围城之中。

而两个人之间的恋爱关系则更轻松一些，虽然没有围城那样高高的城墙，也可以比喻为一个个小小的"院子"。院墙外的人闻着墙内传来的桃花香味，努力地想要挤进去，拥有自己的一席之地；院墙里却也不是人人都享受恋爱的美好，说不定他们对外面的自由天地更加向往呢！

当然，也不排除这样一类人，他们既不像被孤零零地留在院墙外面，也不愿意被禁锢在风景单一的院墙里面，于是，他们干脆成了"骑墙派"，在两派之间若即若离地摇摆着。

"俗话说得好，'家花没有野花香'，这恋爱关系就像一堵墙，墙这边有鲜花，那边就没有风景了吗？所以，还是骑在墙上最有利，方便搞暧昧不说，两边的便宜都占了。"我的闺蜜小 Q 就是这样形容这类人的。

单身已久的小 Q 自认也算是"阅尽千帆"，对男人这种生物有着深刻的了解。她表示，像这样的"骑墙派"还真不少，今天跟这个女生你侬我侬，眼见着就要发展一段不一样的关系了，明天你就能看到他跟另一个妹子重演这一幕。

人家还会理直气壮地说："我这是绅士，是对女生的照顾。"咳，这不叫"绅士"，这叫"中央空调"。

何为"中央空调"？暖一个女生的那叫"暖男"，暖一群女生的不就是"中央空调"了吗？网友诚不欺我也。

"之前我就遇到一个'骑墙派'，一开始，我还以为这哥们对我很有意思，有空就约我出去吃饭，晚上没事就从诗词歌赋聊到人生哲学，那叫一个殷勤。"小 Q 气愤地说，"可我也纳闷呀，明明感觉水到渠成了，该表白了吧？这家伙就是不张口，难道是想让我先来？"

小Q还没来得及在"是不是我先表白"的纠结中做出决定，现实就告诉了她答案——原来，对方是把自己当"尔康"了，这边一个"晴儿"，外面还有好多"紫薇"呢！

"千万别毁童年，人家尔康也没有同时交往这么多女生呀！"我赶紧给可怜的尔康同学说了句公道话。

"可不是！我发现不仅有别的妹子也被他'套路'了，还有一个姑娘给他表白了！"小Q激动地说，"你猜怎么着？他竟然跟人家说'不好意思，我只是把你当好朋友，暂时不想谈恋爱'，原来他就是享受和不同的人暧昧，故意勾着别人呢！"

这我可一点都不吃惊，因为小Q说的这种男女真不少。他们一贯保持着"我很缺爱"的状态，对生活中看得上的异性全部发射一遍暧昧的电磁波，同时跟几个人保持"准男女朋友"的关系。可事实上，他们跟谁都谈情，却永远无法决定跟哪个恋爱。

"这就是传说中的'吃着碗里的、望着锅里的'，在异性的圈子里没完没了地挑拣。"我总结道，"这样的人最爱骑在墙上，永远不能让两只脚都踏实地落在一个人的院子里。为了这一棵树放弃外面的一片森林？这买卖对他们可不合算。"

"后来，那个男生跟别人在一起了吗？"我明知故问道。

"哼，你还真把女生当做他挑选的对象啦？"小Q一听，立刻得意起来，"我偷偷找到他的手机，扒出那几个暧昧对象把情况一说，他一下子就被所有女生拉黑了！"

不是要做"中央空调"吗？可惜，你已经不会再有服务对象了。

唉，这就是"骑墙派"的最常见下场，总是在异性之中摇摆不定，最可能的就是人人都不耐烦，个个离他而去，让他永远只能在"墙"上蹲着喽！

怪异心理学

对于"骑墙派"来说，克制自己喜欢搞暧昧的心，踏踏实实地经营一段感情是非常艰难的，因为他们有时无法克制自己。这些人本质上对"恋爱"的认知与他人不同，可能是缺乏安全感，也可能是对异性缺乏尊重，更有可能是享受与他人的暧昧关系，所以很难正常恋爱。

不幸遇到一个"骑墙"的心仪对象，实在是一种痛苦，因为你永远等不来他主动的求爱。这些可恶的家伙保持着"游戏花丛"的态度，对异性或无微不至地关照、或极力撩拨，但是就不会跟你确定关系。他压根不知道自己真正喜欢谁，所以只好跟每个可能的对象都保持密切关系。

广泛撒网，重点捞鱼嘛！

只可惜，感情不仅像捞鱼那么简单，长时间的暧昧与摇摆，说不定最合适的对象就这样错过了。对"骑墙派"的各位来说，实在是一种严酷的现实啊！

有病？得治！

首先，"骑墙派"的各位最容易受人抨击的，就是"不尊重异性"。整天想着"游戏花丛"，还真把姑娘小伙们都当成可以随手采摘的花草了？信不信他们分分钟变身食人花让你看看厉害！尊重他人，尤其尊重他们的恋爱观，是和异性交往的前提。

其次，控制自己那颗蠢蠢欲动的"暧昧"之心也是相当重要的。不要没事就散发过度的温暖与热量，要是闲得没事，多暖暖身边的朋友亲人也好，尤其不要对不熟的异性过分散发魅力，否则很容易让人误会。

最后，学会"静静撒网，只捞一鱼"，选择未来伴侣的时候态度要谨慎，自己脑补就行了，别殷勤到让别人产生遐想。选中的目标务必不能超过一个，试着认真谈一场恋爱，其实本就不难。

抱怨症——不唠叨你两句我心里难受

"科学研究"这个词有时并不像我们想象的那么严肃，更准确地说，相当一部分研究结果都会让人觉得十分"无厘头"。

英国某调查小组就研究了这样一个课题——人们每天都花多长时间在抱怨。结果表明，每天平均有14.5分钟的宝贵人生，都被我们用在了抱怨上。

当然，你也可以这样说：Who care？我们还花费半生的时间用在睡觉上呢！虽然跟研究"狗为什么改不了吃屎"这项课题比起来，研究人们抱怨的时间的确有意义的多，但对大多平凡人而言，每天花一刻钟时间释放一下内心的负面情绪，似乎还是挺值的。

事实真的如此吗？一旦抱怨成了习惯，就不再是每天一刻钟的问题了，"抱怨症"分分钟可以缠上你。

"抱怨症"，听起来虽陌生，生活中绝不少见。尤其在婚姻、恋爱生活里，十对怨侣里面说不定就有一对患上"抱怨症"！这症状也相当明显，那就是两人之间，必然有一个及以上的成员保持着"每天不唠叨你两句，我就觉得少了点什么"的热情。

抱怨的热情程度绝对与分手的可能性成正比，这一点毋庸置疑。

前阵子，老家的表弟突然千里迢迢地赶来了我所在的城市，来了一次"说走就走的旅行"。还没进门，对着我只剩懵逼、仿佛在说"你小子不是恋爱中毒了吗？怎么舍得自己出门？"的脸，他就抱怨了起来："我再也忍受不了我女朋友了！我要先离开她冷静冷静！"

这让我十分纳闷，年初的时候，表弟正式跟女朋友宣告同居了，当时还专门打电话来给我这个"单身狗"好好上了一堂课，话里话外都是"我知道你羡慕得要死你就不用解释了"的炫耀。

好吧，我还能说什么呢？我瞬间明白衰亡民族之所以默无声息的缘由了——不沉默，我怕我会忍不住跟他友尽。

还不到三个月的时间，这就是……要掰了？

"你根本不知道，自从我们住一起后，她到底有多能唠叨。"表弟坐在沙发上，深深吸了一口气，"唉，这样安静的空气，我有多久没有呼吸过了啊！"

从表弟的描述，我完全看不出这个从早抱怨到晚的姑娘，就是她那个温柔可亲的小女友。早上起床，她可以就"昨天晚上你睡太晚／磨牙／打呼噜／起床声音太大吵到我了"这个主题发表半小时演讲，每天还都不重样，没有理由也要找一个来说！

"能改的我都改了，打呼噜实在不可控啊！难道我晚上戴着个消音器睡觉？我说我睡隔壁吧，她又说我是不爱她了要分手，再找其他乱七八糟的理由来证明，连解释的机会都不给我。"表弟一脸颓废，"搞得我晚上都不敢睡实了，结果早上起床晚了，又是一顿唠叨。"

"这不是为了你好吗？避免你迟到。"我只好努力劝说他，凡事往好处想嘛！

"什么呀！那天可是周末！她把我训了一顿，然后自己又躺下睡觉了。"表弟一脸绝望，"合着就是为了逮住机会教育我。"

生活中更是如此，打电话声音太大、炒的菜稍微有点咸、昨天堵了的马桶没有修好、阳台上养的多肉枯萎了一瓣……女友就像个举着显微镜的居委会大妈，潜伏在表弟的生活中，随时准备抓住他的痛脚。

这让我也无话可说。生活就是这样，谁没有点磕磕绊绊呢？可表弟这情况，那就是坐了"蹦蹦车"啊，马上要磕死的节奏。

"她每天都在找机会指责我，让我根本喘不上气来。"表弟总结道，"如果不到你这里躲一躲，我恐怕昨天就忍不住分手了。你说，她怎么这样能抱怨呢？"

对啊，这位姑娘难道天生点亮了"抱怨"技能，尤其擅长对身边的人开炮？可是，看她平时也没问题，为什么突然变身了呢？

怪异心理学

表弟的女友，大概就是在相处时有了"抱怨症"。一开始，也许只是抱怨了一两次，而从中感受到了甜头，加上生活中的不如意越来越多，就让她再也刹不住了。

根据心理学研究，当我们批评别人，就是使劲要把对方往地上踩的时候，能够获得特别大的满足感——你被踩下去了，我就显得更高了。所有的"抱怨"都来源于一个简单的想法——你错了，我对了，我当然可以抱怨你。所以，对抱怨者而言，把心里的"正义"说出来，能让自己满足、舒畅，还能顺便把对方贬低一番。

恋爱其实就像一场角逐，我们总忍不住跟伴侣比较，证明自己比他更好，可以在相处中获得更多的话语权。如此一来，"抱怨"就出现了，一次两次，无数次的抱怨中，忙着抓对方的痛脚就击败了对对方的爱，上升到了主要地位，此时，离相看两厌也就不远了。

所以，想好好恋爱不？多做事，少逼逼，绝对是真理。

有病？得治！

怎么治疗"抱怨症"呢？事实上，"抱怨症"往往是一种情绪的宣泄，养成习惯后就成了一种症候。解决它也很简单，让自己意识到自己已经"走火入魔"，产生了不正常的恋爱态度，而不是再执着于分辨自己和伴侣的对错。

然后，每次情绪上来，就要张嘴来一场"家庭辩论"的时候，就立刻提醒暗示自己——你难道又要抱怨吗？有意识的控制情绪，一段时间后就会改变这个习惯。

没错，这与其说是一种症状，更是一种习惯。习惯而已，坚持避免就可以了。从今天就来看看吧，每天数数你抱怨的次数，看看到底有多少次。相信我，当你有了这个意识，自然地就不愿再抱怨了。

被爱妄想症——你为啥看我啊，是不是爱上我了呢？

恋爱这件事，还真是一件十分复杂的事。

连我七岁的小侄女对此都有了亲身体验："我同桌喜欢班长，可是班长喜欢语文课代表，语文课代表谁也不喜欢，但是我同桌非说他暗恋隔壁的卫生委员……唉，真累啊。"

小丫头掰着手指头，也把我绕了进去。什么时候，你爱我我不爱你这回事，竟然也上演在小学了？啧，弄得还挺复杂。

跟苦情的 N 角恋相比，还有一种更加复杂的恋爱形式，那就是"我认为你喜欢我"。这可比单恋不靠谱多了，人家至少是实实在在的单箭头，必然有一方心里嘀咕着"我喜欢你"，而"我认为你喜欢我"呢？纯粹是凭感觉猜测的，一不小心就会变身"被爱妄想"。

"被爱妄想"绝对是脑洞 boy 的专门属性。凭借天马行空的想象力，在他们的世界里，人人都有可能爱上自己。也许是昨天看到的广告大片的女主角，也许是明天上台演讲的学生会主席，嗯，说不定总在教室后面转悠的那只三花狸猫也是其中一员，只要他们敢想，所有生物都能成为自己的暗恋者。

朋友的哥们小 W，就是个略有"被爱妄想症"属性的男生。靠着整天脑补别人暗恋自己，他成功给大家提供了不少段子。

"只要有妹子盯着他看上一会，他保准要一脸疑惑、带着三分掩饰不住的兴奋跟我们说，'嘿，你们快看边上那个女的'。"朋友笑着跟我讲，"以前我们还会听他说下一句，现在，不用他开口，所有人都能接上他的话——"

"什么话？"我问道。

"'她是不是喜欢我啊！'"几个知情的朋友一起笑着说。

没错，小 W 坚信"异性盯我超过十秒绝对暗恋我"的真理，每次都能会错意，贸贸然上前表白，被女生当街喊打了好几次。

"她要不喜欢我，为什么非要盯着我啊？我敢保证，这次绝对没错，一定喜欢我。"每次，他都这样信誓旦旦地认定。

"人家就不能看你长得丑，多看两眼啊？"朋友毫不留情地揭穿，"你看看你今天穿得这身衣服，老远看跟埃及法老似的，要是我，我也盯着你。"

"啧，你这是嫉妒我帅，有妹子喜欢！"小 W 毫不在意，"我去跟她打个招呼，万一她真喜欢我，我还可以给她留个联系方式。"得，这位还觉得自己相当温柔呢！

朋友回过头来，摇摇头喝了一口饮料，对我说："不出十秒钟，你看吧……"

话没说完，不远处的桌子传来一声清脆的女声，声音十分动听，可这内容嘛……"喜欢你？你是不是有病啊？"

看着小 W 一脸"这不可能，你也在说谎"的表情，我们忍不住齐刷刷转过了头，实在想装作不认识他的样子。

这时，我不禁庆幸：还好这家伙脑洞不太大，没觉得某明星暗恋自己，否则岂不是要在全国出名？想到熟悉的名字可能登上微博热搜榜，我……我还忍不住有点小兴奋呢！

未来，W 君能否靠着"被爱妄想症"和糟糕的搭讪手段登上新闻，我们就不得而知了。不过在过去，他因为"被爱妄想"而不断失败、越挫越勇的经历还历历在目，这让他的恋爱之路，比别人不知道坎坷了多少。可怜的 W 君，到底何时才能从"被爱"的幻觉中清醒过来呢？

怪异心理学

小 W 的"被爱妄想"，并非来源于他缺爱，而是一种心理问题。在面对他们眼中"喜欢自己"的对象时，被爱妄想症患者的世界和我们是不一样的。简言之，在他们的脑洞中，对方平凡的一举一动都像是在传达爱意。

哪怕是主人待客时礼貌地递一杯水，"被爱妄想症"患者也可能脑补出"他递给我水的动作特别慢，一定是暗恋我"这样的结果。所以，只要被这群脑洞 boy 盯上了，就算你压根不认识他们，也根本没有做出任何容易引起遐想的暗示，他们也可能得出"你就是喜欢我就是喜欢我"的结果。

严重点，他们还能自己脑补出你们交往的各种场景呢！这简直是私人订制版的白日梦，连"梦"到什么内容都可以自己设计。时间一长，现实和脑补就再也无法分开了。不想被抛在和别人不同的幻觉世界中？那就快点克制"被爱"妄想吧！

有病？得治！

对轻微的"被爱妄想症"患者而言，这种"他喜欢我"的暗示并不影响生活，最多别人会认为你比较自恋而已。此时，最好的办法就是心理治疗，将心思从"你喜欢我我喜欢他"这样的感情世界中转移出来，多看看外面丰富多彩的社会不是更好吗？寻找一个特别的爱好，比如音乐、运动、社会交际等，将对异性的关注转移到爱好上来，就可以将妄想也转移，从而有效改进。

与其整天幻想别人喜欢自己，随时可能因为贸然表白而受到人身攻击，还不如多幻想一下自己在某个爱好领域成为大师，说不定还能得到"很有理想"的评价，简直不能更靠谱。

如果已经有些失去理智，沉浸在"他就是喜欢我"中不能自拔，大概心理医生是你最好的帮手。勇敢面对现实，你会发现世界会变一个样子。

恐剩族——别说我剩下啊，我可畅销呢！

众所周知，在股市中打滚的老股民们，最讨厌的字就是"跌"，最厌恶的颜色就是"绿"。而对于适婚年龄还没有对象、心理不够强悍的男女来说，"剩"大概是他们最不想看到的。

人们把婚姻看得太过重要，这就像一场凑对比赛，在规定的时间内，从茫茫人海中淘到搭档的则成功胜出，剩下的单身者就成功"剩下"。"剩"也分段位高低，到了 25 岁还没有找到另一半，就成为"剩斗士"，28 岁进阶"毕剩客"，熬到 32 岁依然屹立不倒，堪称"斗战剩佛"，最后，自然就是"齐天大剩"了。

也不知悟空到底怎么得罪了这群"剩男剩女"，名头都被他们借用了一遍。不过，对担心"被剩下"的朋友们来说，名头再好听，他们也不想戴在自己的脑袋上。于是，"恐剩族"就诞生了。

不要以为只有 25 岁以上，拥有了高阶段位的"剩族高手"才会成为"恐剩族"，现如今，越来越多的人年纪轻轻就不愿意谈"剩"了。大学期间，我的闺蜜小 N 就曾经就"剩"这个字发过好大一通牢骚。

"最近不要跟我说'剩'这个字，搞得我像超市打折促销都卖不出去的水果，只能丢在筐里似的。"小 N 在电话中这样抱怨，"明明人家还很畅销好吗！"

"谁刺激你了？"我好奇地问，这才知道她又被父母唠叨了。

小 N 的恋爱史非常有趣，在大学以前的"早恋时代"，她比其他女生更早地开始了恋爱生涯。初中送出了初恋，高中泡到男神，数得上的男朋友一只手都掰不过来，堪称是青春期少年眼中的人生赢家。

对这种情况，小 N 的爸妈只有一个坚定不移的应对方针——不发现则以，一发现就是一顿"竹板炒肉"。"粗暴！不讲理！老古董！"她不止一次摸着屁股，这样抱怨自己的老爹老妈。

高考完毕，她就好像一下子"醒悟"了似的，终于从恋爱魔咒中解脱了出来，一下子修身养性起来。"谈恋爱有什么意思？最后还不是要分手，不如过两年再说。"小N这番话，如果能早点说出来，她父母不知有多开心呢！

什么？晚几天也没事？她的这番表白态度，却又一次惹到了善变的爸妈。

"都读大学的姑娘了，还不找对象！你这样，以后嫁不出去怎么办？"在老妈焦急的态度中，她产生了"自己都是老姑娘了"的滑稽错觉。

"你说这叫什么事？高考前是一个态度，高考后不到三个月就开始催我找男朋友，现在更是整天说我要'剩下'了，阻碍我的是他们，催促我的还是他们！"小N愤愤不平地说，"闹得我现在也有点恐慌了。"

这种恐慌具体表现在，对前不久还狠狠吐槽过的某男，小N竟然也产生了"是他的话，也可以相处一下"的感觉。"恐剩族"的威力，实在想象不到。

不说别人，就算是"尔康"单身上三年，也可能会产生"容嬷嬷侧脸好美丽"这样的错觉呢！我们恐惧的其实并不是已经适应的单身生活，而是在周围同龄人的"秀恩爱"围剿下，在父母、朋友的担忧或劝说下，产生的一种回天无力的恐惧感。

"还有，明明人家还是学生呢，非要让我产生'大二学姐是打折货，大四学姐是下架产品'的感觉，该怪谁呢？"小N无奈地抱怨，"搞得我现在，只想赶紧找个对象再说！"

像小N这样的"恐剩族"多吗？当然。伴随着竞争压力越来越大，似乎恋爱市场上的竞争也开始激烈起来了。"要是不早点下手，好的白菜都被别人拱了"，带着这样的想法，大家似乎越来越怕被"剩下"，"恐剩族"的年龄也越来越低。

怪异心理学

过去，"恐剩族"都是年仅三十的真正的剩男剩女，如今大概是前辈们都"剩"出了经验，早就迈过了恐惧的坎，恐惧更多地转移到大学年龄的年轻人身上。

在大学这个"恋爱圣地"，连教授们都不避讳这个事实——谈一场恋爱可以算作最重要的事之一。离开大学，再不会有这样天然的"相亲"环境，寻找一个合适的异性就变得困难了许多。所以，那些即将毕业或已经毕业的"单身狗"们，才会对自己在相亲市场上的行情有所担忧——废话，连市场都没了，可不是要担心销路吗？

而不少家长也表露出这种倾向，那就是找个对象比找好工作更重要。所以，一到节假日回家，亲戚们最常见的令人避之不及的问题，就从"期末考了多少分呀"变成了"找对象了吗""什么时候带回家看看"等——总之，就是不让你好过。

如此一来，拿对待期末考试的紧张态度对待恋爱，也就说得通了。而内外压力一处，"恐剩族"自然相应诞生。

有病？得治！

解决"恐剩族"，最大的问题不来自于自身，而是周围的亲朋，尤其是家长。想要改善恐剩心理，家长们先得配合起来。不要在难得的相处时间里，一言不合就问"女朋友""男朋友"，更别来个强制指标，要求"带个对象回家"。这除了给孩子造成压力，增加"遇人不淑"的可能性，没有任何好处。

除此之外，自身的恐惧也是需要排解的。难道你真的以为，自己就等同于超市货架上的蔬菜，一过保质期就得下架？这样想，最对不起的就是自己。慎重地选择另一半，首先要保持一颗平和的心。为了应付自己想脱单的欲望，就急匆匆地挑出个异性挂上"男女朋友"的标签，有多大几率能迎来幸福呢？别忘了，你不是都市爱情喜剧中的女主角，就算是，未来的坎坷也不会少。

第三章
办公室奇葩大爆炸

走入工作岗位，我们会发现这样一个真理——谁年轻时没遇到过两三个奇葩呢？在办公室中朝夕相处，同事们脱下精英的外衣，骨子里隐藏着的都可能是各具特色、令人无语凝咽的性格和行事风格。只能说，职场实在不愧于它"奇葩集中营"的名声。

周一综合征——人类没有周一，世界将会怎样？爽！

如果要给一周的每一天配上一种颜色，你会怎么选？

其他日子不能确定，但我敢保证的是，将星期一定为"黑色"的人可不在少数。尤其对上班族而言，"黑色星期一"大概是每周最痛苦的折磨。周一的闹铃一响，就意味着你美好的假期结束了，下一次休息的时间看起来那么遥远，尤其是在中间夹杂着无数工作的时候。

"我记得我曾看过一句话，"办公室的 P 君煞有介事地说，"'如果我们生活的每一天都是上帝赠予的，那周一可以退回去吗'，这句话简直是……说出了我的心声啊！"

我看了看他瘫倒在椅子上，毫无形象的懒惰姿势，赞同地点了点头。别人也许不会，但 P 君绝对是会为了没有周一而欢呼的家伙。虽然我认为，他更喜欢将周一到周五全部退还给上帝，但要说起来，还是周一最能担当 P 君的愤怒靶子。有"周一综合征"的 P 君，在这一天简直要抓狂。

P 君的周一，往往是这样度过的。

上午 8：30，P 君会赶到办公室。此时距离他平时的上班时间，大约晚了 15 分钟，可是一向守时的 P 君毫不在意——在他的时间观念里，这就是正常的周一作息。"周一，能把我自己从床上揭下来就不错了，保证不迟到是我的唯一要求。"有人问起时，P 君总是这样说。

9：30，在无精打采地吃完早饭，中间还夹杂着无数个哈欠和懒腰之后，P 君将要慢悠悠地开展一天的工作。往常这会，P 君早就忙忙碌碌地翻资料、写报告了，可是周一的上午，他就像被施了冰冻魔法，动作都比平时慢好几个八拍。

"要我上周五做的那份报告？好的好的，我再刷一会微博就给你找。什么，老板快来了？没事，等他来了我再关页面，绝对不会被发现。"P

君的"工作拖延症",总是按时在周一发病。好几次,他都没来得及在老板检查工作前关上自己"开小差"的证据,遭到老板的无数次批评。

"P君?哦,就是你们部门那个一到周一就给自己放假的家伙吧?"瞧,他的大名连老板都记住了,要不是念在P君技术一流,恐怕现在他已经蹲在家里"吃自己"了。

这样磨蹭到中午11:30,P君的午休时刻来临。不论是吃饭还是休息,在与同事聊天的过程中,P君无时无刻不散发着"我不想上班为什么今天要上班"的怨念,简直是办公室每周一刷新的定点Boss——"行走的贞子"。而从不午休、精力十足的P君,这一天必然会在桌子上睡到不省人事。

"困就一个字,我只说一次!"P君自己也无法解释,为什么总是一副"醒不来"的样子。所以,下午往往在他"一脸睡懵逼"的表情中耗过了。

当然,例外情况也是存在的,尤其是在公司年底忙碌的时候。此时,所有人的工作都被排得满满的,就算总是精神不济的P君,也得从周一睁眼开始,忙到周五加班结束。

外部压力之下,P君总不能Cos树懒了吧?没错,可别的"幺蛾子"又来了。

"最近工作这么多,我的压力那么大!"说着,P君就比划了一个巨大的圆,十分努力地想让人明白自己多么紧张,然而,听到这话的同事们只是翻了个白眼,又投入到成堆的文件中去了。你忙,我们不忙吗?大家都差不多,就别指望我们同情你啦!

可P君还真不同,一到周一,这种紧张感比谁都严重。在P君眼中,此时的"周一"比往常恐怖无数倍,一旦闹钟响起,就代表一周的案牍折磨又要到来了。

所以,他就像个被踩了尾巴的耗子,在自己的办公桌边上转来转去。忙一会工作,就要忍不住抓狂一下:"什么时候才能弄完啊!"要是忍不住在重压之下偷会懒,他自己也会唾弃自己:"现在不忙,难道都堆到周五？"总之，什么都是错。

像个炸毛公鸡似的 P 君，让同事们更加担心了——上帝，快把过去周一的"树懒 P 君"还给我们吧！

P 君这个奇怪的习惯，到底是怎么回事呢？

怪异心理学

P 君这种情况，既不是故意恶作剧，也不是被人下了降头，实在是"周一综合征"在作祟。我们每个人都有自己的生物钟，规律的生活会让我们养成习惯，工作也是一样。周一到周五，是我们化身"工作超人"的时间，每天固定的上下班早就让我们的身体适应了这种规律。所以，有些"闲不住"的人就表示，一到周末放假，自己还不舒服呢！

亲，不如把你的假期匀给我啊？

同样，周末一放松，骨子里那个固执的"懒惰小人"就钻了出来，忍不住让我们的身体"放肆 high"。这样一来，工作时养成的规律就被打破了。周一时乍然重新工作，天性懒惰的人类怎么会愿意呢？于是就开始了身体、心理上的抗争，这就是一个适应期。

所以，像 P 君这样热爱休假的同志，在假期结束后突然工作，就会发现各种不顺眼。事实上，这其实是他的精神在抗议——怎么不让我多休息两天！

有病？得治！

跟其他的心理疾病相比，"周一综合征"是个非常容易解决的小角色。既然我们的身心需要重新建立工作习惯，那就满足它的要求嘛！做好协调，你就可以放心大胆地面对周一了。

首先，尽量减少自己周一的工作，做好安排。尤其别养成"拖延症"，就算拖延也别放到周一，大不了周五牺牲一下，让"黑色星期一"显得不那么可怕。

其次，别给自己太大压力，要是把周一的"懒惰小人"关起来，反而把"紧张小人"放出来就不好了。没事多晒晒太阳唠唠嗑，与亲友进行必要的交流，可以很好地改善心情。

最后，周末当然可以放松，但是"放肆high"就不用了，尤其在周天的晚上。别忘了，明天你的闹钟已经调到了上班时间，再玩到三更半夜就是自我虐待啦！

好人综合征——不客气，我就是想做个好人

相信不少人都记得，在某一年的春晚上，郭冬临同志顶着自己锃光瓦亮已成为标志的大脑门，带来了春晚著名系列角色——好人郭子。从此，这个特别爱做好事、以"毫不利己专门利人"为己任、唯一的缺点就是爱换媳妇的老好人，就扎根春晚死活不走了。

这么多年下来，观众们的态度只有一个——郭子，我们都知道你爱做好事了，可你这"新时代雷锋"是不是也有点太无私了呀？

现实生活中，你真能找到一个为帮朋友买票，自带铺盖卷儿在火车站排队两天，有事没事帮人垫钱的"好人"吗？这恐怕……还真有！这些比雷锋还贯彻雷锋精神的好人，除了有一颗热心肠外，还可能有"好人综合征"。

我的同学S君就是个出名的"老好人"，大学时代，他是名副其实的"模范舍长""别人家的班干部"。

在宿舍时，人人都用暖瓶，每天去稍有些远的开水房打水就成了难事，尤其是对大大咧咧、能懒则懒的男生而言。其他宿舍要么采取"轮值"制，要么就"各人自扫门前雪，谁要热水自己提"，只有S君的宿舍不这样——每次打开水，都是S君主动热心地抢着包揽所有暖瓶。

S君一人提着四个暖瓶的身影，已经成为整栋楼膜拜的对象。"看看人家的宿舍长，再看看你！"男生们的打趣就这样持续了四年。

一开始，宿舍的男生还有些不好意思："S君，还是我们自己来吧！"

S君总是十分坚定地摆摆手："身为舍长，这是我应该做的！别客气，不就是帮你们打开水嘛！"他握着暖瓶的手格外用力，一副"谁敢跟我抢，我跟谁急"的态度，仿佛胸前还有飘荡的鲜艳红领巾。

在班上也一样，一下课，S君就会主动站上前，仿佛救世主一般发出慈悲的呼唤："谁要接热水，把瓶子给我！"

同学们一开始还想自己来，耐不住 S 君毫不勉强的诚恳神情，就习惯了让他帮忙。每个课间，这家伙就总是揣着十几个水瓶，堪称"热水终结者"。

后来，排队接热水的同学一看到他在前面，都会自觉打道回府——没办法，等 S 君接完，热水早就没了！

总之，"有事就找 S 君"成为了所有人默认的座右铭，只要他能办到，绝对忙不迭地答应。你要是不好意思，他还要先跟你急呢！提起 S 君，一个"好人"的标签是少不了的。

可除此之外呢？

周围的朋友们早就习惯了被 S 君"热情帮助"，进而成为了"习以为常"。这些帮助不仅不会让他们格外感动，反而变成了"应该"——偶尔 S 君不主动帮忙接水，还会有人专门跑到他面前把水瓶递给他。

后来毕业了，S 君也找到了工作。在新的环境里，人们提起他依旧只能想到——"老好人"。

"S 君啊，你桌上的植物长得真不错，你们家还有吗？如果有多余的，送我一盆呗！"隔壁办公室来串门的同事随口一提。

S 君家中的确还有一盆这样的植物，可是这都是他精心养出的名贵品种，非常难得。如果是一般人，肯定会婉拒对方，尤其是在对方态度也很随意的前提下。可 S 君嘛……"行啊，当然行，我明天就给你包好了送过去。"S 君稍一犹豫，赶紧点头答应了。

答应得这么迅速，肯定也不是什么贵重的吧？同事心里一想，也就心安理得起来。

于是，甭管第二天是不是休息日，S 君也会马不停蹄地将同事要的植物送过去。如果不上班，当然是亲自开车送到家啦！嗨，谁让我们 S 君就是这么个"专门利人"的好人呢？

"您别谢我，我就是想做个好人而已。"目测，这是将伴随 S 君一生的至理名言。

植物送出去不要紧，没几天，没什么经验的同事就给养死了。同事觉得这不贵重，不当一回事，S君心里可是偷偷肉疼了好几天。晚上回家辗转反侧，小心眼那个不舒服呀，可第二天，还是得带着笑脸做个"好人"。

您说，他到底是图什么呢？

怪异心理学

像S君这样遇事有求必应、有困难翻山越岭也要帮助他人的人，你们身边也有吗？事实上，这样的"老好人"似乎人人都见过，他们将帮助别人作为自己的第一要务，有困难要帮，没有困难恨不得制造困难也要帮，并且把"当个活雷锋"当成自己最大的荣耀。

这，很可能就是"好人综合征"。很多时候，想要别人称自己是"好人"，恰恰是因为对自己缺乏信心，对个人价值的肯定不够。这些人与S君一样，心灵中"信心"的土壤十分贫瘠，靠日常生活中别人的肯定、自己的鼓励和外界的赞美，都没办法培育出名叫"自信"的植物。没办法，他们只能从别处寻找肥料，而不断地做好人好事、获得别人的肯定，就是最好的心灵肥料。

做好事并不是一种病，但是沉浸在做一个好人当中，将"别人要求的我就要答应"当做自己的潜意识，毫无判断力地去帮助别人就是一种病了。这样的"好人"将再也不会拒绝别人，永远为了他人活着。

有病？得治！

每一个被当做"老好人"，从不会拒绝别人的人，都应该问自己几个问题："你在点头答应他人的时候，是不是本想摇头的？""如果有人不赞同你、不喜欢你，你会因此感到紧张，并迫切想得到对方认可吗？"

如果你的答案是"是"，也许你就已经成为了一个习惯性的"好人"，

75

被"好人综合征"困扰了。这与单纯的做好事不同，很可能会将你的生活搞得一团糟。

想要改善，就一定要在帮助别人这件事上，给自己划定一个严格的界限。什么情况可以帮，什么情况不能帮，要有严格的规定与意识。当自己想说"不"的时候，不要克制摇头的欲望，大胆地拒绝他们，你的生活绝对将轻松很多。

只有把"做好事"的界限划明确，好人们才能知道自己可以帮什么人，可以帮到什么程度，而不是一味地想要挥洒自己多余的精力，甚至是变相压榨自己、哺育他人。

蜂王综合征——在这一亩三分地里，我就是女王

在你的公司里，最令你头疼的对象是谁？

是旁边办公室虎视眈眈、随时准备背后绊你一跤的竞争对手，还是总有提不完的要求、小毛病不断的合作客户？或者……是对外如春天般温暖、对下属如冬天般冷酷的上司老板？

相信不少人对最后一个选项有着深切体会，每个上司似乎都准备着两副面孔，在自己的下属面前，这副面孔绝对不会太温柔。没办法，想站在公司食物链的顶端，就得有披荆斩棘的魄力。尤其是女性，想在男权社会中拥有支配地位，要付出的努力绝对不比男人少。

于是，"蜂王"们就这样诞生了。

在蜜蜂的社会中，"蜂王"只有一个。王的特殊性如何体现？很简单，蜂巢中的雌性除了蜂王，都不具备生殖能力。拥有了自然界最重要的技能，蜂王就拿到了生杀大权，成为当之无愧的领导者。

所以，当另一个同样拥有生殖能力的蜂王候选人出现时，蜂王就会表现出反常的冷酷。它会迫不及待地将候选者驱逐出巢，让它们另外开辟家族与天地，在自己看不到的地方称王称霸。

总之，对于蜂王而言，在自己的一亩三分地里，女王只会有自己一个。这个道理，放在女上司领导下的团队中，一样十分切合。

F小姐在刚进入公司时，就"摊上"了一个女王般的上司。一开始，她看到其他团队的领导都是男性，只有自己的领导者是女性时，还感到非常庆幸。

"女的好啊！是男的，还要防着职场性骚扰，说不定还要歧视女性，女的就不一样了。"F小姐有理有据地分析，"她们自己拼搏出来不容易，还不得多带带我们这些女性后辈？"

"那可不一定，你没听说过'同性相斥、异性相吸'呀？我觉得你还是夹紧尾巴再观察一阵吧！"朋友这样劝说。

大概这位朋友点亮了"乌鸦嘴"技能，没出实习期，F小姐就发现了问题。

"我的上司似乎看我特别不顺眼，可我明明已经做得很好了呀？"F小姐十分不解。

为了向公司展示自己的能力，她总是第一个表现自己，分给自己的工作全部做好，没分给自己的也愿意主动帮忙。别说自己小组的成员对她十分看好，其他小组的Leader都听说了这个热爱"为人民服务"的姑娘。

"实习期结束，愿意来我们小组吗？"这样私下的"勾搭"，F小姐遇见了不止一次。可偏偏，自己的上司就是不吃这一套。

F小姐的女王陛下不仅从没有表扬过她，还经常把她当空气。开会的时候，只要她发言，想法十有八九会被忽略，"女王"从不肯接她的话。有时，F小姐正滔滔不绝地讲解自己的点子，正说到唾沫横飞的关键处时，女王绝对会十分"捧场"地打断她。

最近，更是严重到了连会议都不通知她的地步。"别人都去开会，就剩我一个人傻愣愣地在办公室，完全不清楚有这回事！"F小姐十分气愤，"难道我长得像她老公的小三吗？怎么就看我不顺眼呢！"

一怒之下，F小姐申请转了小组，成功进入另一团队，立刻受到了重用。此时，又让她意外的事发生了。

"嘿，'女王陛下'竟然冲我笑了，你们敢想象？"F小姐一脸"天要塌"的表情，"自从我正式实习开始，我就没见过她冲我笑！"

听说这位高冷"女王"还破天荒地在管理者的会议上表扬了她，这个消息让F小姐忍不住看了看天空——白天出月亮了？还是天上下红雨了？

总之，一切似乎又恢复如常了。

"要我说，这就是传说中的'蜂王综合征'！"最后，还是那位"乌鸦嘴"朋友，一语道破了天机。

怪异心理学

在办公室里，遇到一个"蜂王综合征"的女上司，实在是太正常的一件事。现在，管理层的女性越来越多，这些千辛万苦爬到高位的"女强人"们，对自身的位置十分看重，也和任何一位男高管一样，拥有"击败潜在竞争者"的心思。在她们的潜意识中，能够跟自己竞争位置的，自然是与自己相似的"同类"，所以优秀的女性人才往往会受到针对，女老板们更不愿在她们身上耗费心思。

因此，诸位女性同胞们，想选一个好上司吗？别只盯着女上司流口水，她们可不是温柔好欺负的代名词，甚至更大的可能是她们格外"关照"你哦！

事实上，在男性职场的竞争中不同样如此吗？一样是优秀到令人警惕的后辈，男上司一定更加警惕男性下属。没别的，不过是他们从对方的身上看到了过去的自己而已。而这一现象，在女性之中更常见。"女人何苦为难女人"，不仅适用于情场，也适用于职场哦！

只是，身为"蜂王"，致力于打击后辈的女老板们似乎忘记了，在很多年前，她们也是这样辛苦地在职场上拼搏，甚至同样在吐槽着不平等的待遇，而今天她们却犯了一样的错。

有病？得治！

如果想成为一个真正有领导才能的"蜂王"，平等地看待男女下属是最重要的。在职场上，任何时候都要看能力而不是性别，身为女性更应该明白这其中的道理。

如果你也患上了"蜂王综合征"，不如想一想，你的公司难道还分"男部门""女部门"吗？既然大家都在同样的环境中竞争，何必分男女！如果真要警惕优秀的后辈，也别光盯着女孩子看嘛，眼光放长远一些，你的身边还有很多同样优秀的男生一样值得警惕呢！

所以，"一视同仁"是最好的，而打压后辈则是最不明智的做法。一个好的管理者，该如何正常应对自己的下属，相信你们自然明白。

骗子综合征——你觉得我很成功？不，是我骗了你

在中国的娱乐圈，有个十分神奇的现象——明星们一旦功成名就，总是喜欢走上求神拜佛的道路。偏门的有各种"养小鬼"的传说，正统的则是皈依我佛，总之，没有信仰是很难在娱乐圈生存的。

是什么导致了这一现象？

除了那些真想跳出三界外的教徒们，绝对还有一群"心虚者"潜伏其中。他们虽然成为了娱乐圈中的成功人士，却不能正视自己的成就，俗称"谦虚过头"。

"就凭我自己这点三脚猫的功夫，怎么可能有这么大的成就。一定是运气好，绝对是运气好！"这些成功人士精英的外表下，也许就隐藏着这么一个喜欢唠叨的懦弱灵魂。

如果真的全靠运气，这得运气爆表成什么样呀？这是谦虚吗？该不会是故意让人羡慕嫉妒到牙痒的吧！

可他们就是不信这一点，偏偏将自己的成功归咎于"命运"。那怎么才能更成功？自然要祈求鬼神的力量，多让命运垂青一下自己了。于是，求神拜佛的大军又添了一个新成员。

运气是这样的虚无缥缈，可在生活中，却有太多人将自己的成功寄托在运气上，这就是"骗子综合征"的征兆了。

如果让我说，曾经的合作伙伴 K 君就有些"骗子综合征"的困扰。在外人面前，他的履历绝对是"别人家孩子"的范本，家资丰厚，年少得志，一路顺风顺水地混到高层，那就是大写的"人生赢家"呀！

"咳咳，低调，低调。"带着谦虚到让我们一众屌丝觉得十分虚伪的笑容，K 君总是这么说。用他的话来讲，这一切都是——"运气好而已啦~"

不用一个销魂的波浪号，无法表达他荡漾的语气。

　　这的确不是 K 君的谦虚，而是他真实的想法，虽然这种想法似乎更加欠揍一些。在他的认知中，自己就是小说里"气运之主"的角色，一路废柴，关键时刻却总能遇到巧合。

　　"我家庭条件好？什么呀，我小时候的生存环境，连'家徒四壁'都不足以形容，简直就是'家无四壁'啊！"K 君表示十分激动，"要不是我爸当年下了岗，巧合地选择了做生意，他现在还在工厂'吭哧吭哧'搞切割呢！"

　　得，他爸一世英名，就全被他归功于"巧合"了。

　　"我学习好？绝对不是！我成绩真的一般，谁让我考试那年分数线正好降低，灵光乍现超常发挥呢！不然，绝对就是二本的命。"K 君又掏心掏肺起来，丝毫不顾周围二本朋友们飞来飞去的眼刀。

　　二本怎么了？就算你是学霸，也不能小看我们的劳动和汗水好嘛！

　　总之，K 君的心里，就算自己考了第一名，那肯定也是因为原本的第一发烧感冒、第二临时请假、第三车祸现场……总之，就不可能是自己的真实实力。

　　"我有几把刷子，自己还不清楚？绝对是运气而已！"因为这样的态度，K 君总是显得十分惶恐——一直靠着运气的自己，以后也能这么顺利走下去吗？

　　"听说，人一生的运气都是有限的，早用完早倒霉？"K 君紧张地念叨着，"我这样，一定透支了不少吧？说不定得倒霉好几辈子呢！如果以后没有了这么好运的巧合，岂不是一下子就暴露了我的本质？"

　　什么本质，封建迷信的本质吗？K 君，你的忧虑和担心能不能放到正确的地方啊！有时间操心自己的运气，还不如关心一下你手里的项目该怎么进行呢！

　　可 K 君就是转不过这个弯，用他的话说，自己就像偷了别人光鲜亮丽的人生，欺世盗名地活在这个世界上。哪天上帝一不高兴，"唰"地扒掉他身上的骗子外衣，他就得变回猴子了。所以，他的日子，过得比谁都小心翼翼。

这样的心理，到底是怎么一回事呢？

K君这是典型的"骗子综合征"。可能是家庭的暴富，从"家无四壁"的倒霉蛋一跃成为人人喊打、人人羡慕的"富二代"，让K君对生活产生了迷茫——为什么我可以这么幸运，别人不行？于是，他开始将一切归功于运气。

这样的人，不管有多大的成功，都会被他们当做命中注定、上帝的馈赠，千千万万个理由里，绝对没有一个是"自己的努力"。不靠自己努力得到的成就，自然不能让人享受的十分坦然，于是"骗子"们时时刻刻保持着忧患意识，随时准备迎接一个不好的结果。

这个结果迟迟不来，说不定他们还很疑惑呢！

所以，他们害怕生活中的一切挑战与波动，需要冒险的事情更是不愿涉足。为什么？还不是怕把自己的运气消耗光了！而且，"骗子"们时时刻刻提醒着自己——你就是个草包，别做自己能力之外的事，否则人人都会发现你是个骗子！

而事实上，一切都是他们的臆想而已。整天带着有色眼睛看自己，真替这群可怜的家伙感到辛苦啊！

有病？得治！

想要改变自己的"骗子综合征"，相信一切成就来源于自己？首先，你得劝说自己相信别人的评价，尤其是他人的肯定和赞美。

当别人夸你"做得不错"时，别再一个劲告诉自己"人家就是客气""你只是运气好没被发现"了，多参考一下周围人的看法，更公平地看待自己吧！尤其是挑剔的上司、竞争的同事对你的赞同，更需要你认可——连他们都点头了，还担心谁摇头呢？

然后，做事要理直气壮一些，不要总是一副"偷运气的逃犯"的样子，对自己的能力有信心一些，多尝试竞争，遇到机会就去抓紧。实在过不去心里的"坎"，找个信任度超高的朋友担当你的"人生导师"也是个不错的办法。

最后，抛弃无理由的谦虚，学会适当的自负。在成功时，别绷着你的嘴角，就算"沾沾自喜"一次又如何？反正都是自己努力得来的，想怎么高兴就怎么高兴，谁也管不着！要是有了这气势，你也就修炼得差不多了。

草莓族——我鲜嫩多汁、清香可口……就是有点脆弱

草莓这种水果，谁不喜欢呢？谁都喜欢，可是吃一颗完整新鲜的草莓还真不太容易。

首先，你得保证它摘下来后立刻运到市场上，一天都不能耽误。要是拖延了时间会怎样？分分钟变成一滩"草莓酱"给你看！

然后，买下来也得小心翼翼，跟其他的水果放在一起？分分钟挤成一滩"草莓酱"给你看！就算你单独存放，一次买太多还可能"自相残杀"呢！

最后，带回家洗干净，那就得赶紧塞到嘴里！放一会不吃会怎样？分分钟……

好了，结局总是脱不了变身"草莓酱"就是了。

这样好吃却难伺候、可口又鲜嫩却需要层层保护的水果，在职场上也不少见，那就是"草莓族"们。

年轻靓丽的职场新人里，"草莓族"的比例还真不少——当然，他们变身"草莓酱"的比例也一样高。这不，今年公司就招来了一个"草莓"新人，C 姑娘。

C 姑娘从一进公司，就以"傻白甜"的形象深入人心。上班第一天，她侃侃谈起了面试时的场景："招聘的人问我对工作有什么期许，我当然要实话实说啦，'每天睡到自然醒、钱多事少离家近'才是王道嘛！当时他就笑了，一定特别赞同我！"

我看了一眼旁边的经理——大概 C 姑娘已经忘了，这就是那天负责招聘的人，他的表情是明晃晃的不忍直视。

"要不是今年招不上人，绝对不要你！"我敢保证,这就是经理的心声。

不过，对公司不太满意的 C 姑娘一开始的表现却很不错。骄傲自然也得有骄傲的本钱，她很快就熟悉了手上的工作，扭转了人们的印象。总之，

除了脑回路有点问题，这只职场菜鸟还是飞得挺快的。

可惜很快我们就发现，飞得快，撞到树上也疼啊！一不小心，可就再也飞不起来了！

导致 C 姑娘撞到树上的，是她第一次单独做的小项目。这大概是她感受职场压力的"第一次"，而作为一颗柔弱多汁的草莓，她果不其然地——变成酱了。

"这么难的项目，我绝对做不了！"从一开始的欣然答应，到抓狂式的崩溃状态，大概只过去了……一天？

好吧，原本打赌她能坚持两天的我，就这样输了一百块钱。

"不要急着下定论，你可以先跟着别人学学再做啊！"一个同事说道。

"能学的我都学了，不就是那点东西，还有什么可学的？"

"那你都学会了，就去做啊！"

"不行，这么难，我一定做不了……"

"那你就去学……"

好吧，一个车轱辘似的没完没了的循环命题，就这样展开了。最后，C 姑娘还是发挥了自己少有的优点——爽快，非常干脆地把项目扔给了别人。

"我觉得这份工作不太适合我，不能发挥我的长处，发展前途有限，所以我要跳槽了。"C 姑娘的总结陈词十分简单，走时的背影也相当干脆。

我已经能想象，这样的场景未来还会出现很多次，而每一次她都不会觉得是自己的问题。

没办法，人家可是需要呵护的草莓呢，怎么能用这么粗糙的态度对待？

到底是职场的压力太大了，还是"草莓"们本身太脆弱了呢？答案在"非草莓"的眼中，肯定是一致的——当然是草莓的错！不想做一个被扎一下就变身的"草莓族"，就需要自己的努力了。

怪异心理学

职场中的"草莓族"就像草莓一样，外表看来光鲜亮丽，没有比他们混得更好的。只要一起走出门，同事们都能被衬成"人到中年前途无望"的渣渣前辈，和"大哥身边马仔"似的边缘人物。总之，没有比他们更优秀的了。

而且，他们外表凹凸不平，摸起来颇有些"扎手"，是相当有个性的人物。就像C姑娘说的"钱多事少离家近"，草莓族们对自己过高的期待，也让他们在提意见时十分理直气壮，总觉得自己的待遇跟不上自己的优秀，可他们理论上的优秀也跟不上实际操作的效果啊！这就是俗称的"眼高手低"了。

事实上，"草莓族"的内部十分软糯，绝对是一点压力都不能经受的。要求不少，但抗压能力倒不行，关键时刻掉链子的就是他们。一旦遇到磕磕碰碰，最先跟你"撂挑子"的绝对是他们。这样不稳定的员工，大概就是隐藏在企业中的"定时炸弹"，如果一起爆炸，基本能让工作瘫痪。想要稳定住他们？那得需要小心翼翼的呵护才行！

有病？得治！

"草莓族"的种种不足中，"抗压能力差"大约是最典型也是最令人诟病的一个。如果遇到压力就想退缩，在职场上基本可以看到结果——收拾收拾，回家去吧！这年头，做个前台还要锻炼八颗牙的微笑呢！

所以，摆脱草莓族，就得先把自己送入"蟑螂族"，保持着像小强一样顽强的生命力，能够在各种重压下灵活逃窜，这才是真正的职场王道。

为了提升抗压能力，光是自身努力还不够，父母也要创造合适的环境。要将已经成年的儿女护在自己的羽翼下，绝对是个力气活，而且"费力不讨好"。不经历风吹雨打，怎么能真正独立？别在子女的困难面前担当"救世主"，万事认准三个字——"我不管"，成功就已经看到一半了。

跳槽症—— 一年跳槽 365 次，天天都有新花样

人在职场飘，谁能不挨刀？各种各样的明枪暗箭，在职场里那是防不胜防，就算再和睦的公司，犄角旮旯里也一样能巴拉出不顺心的事来。

一边喊着"老子不干了"，一边帅气地把文件丢在老板脸上，然后留下一个潇洒的背影，大概是无数"挨过刀"的同志们共同做过的"白日梦"。可惜梦就是梦，醒来一看，自己的银行卡余额还是可怜的三位数，要是有更大的数字，不用怀疑，绝对是信用卡的"本月待还额度"，得了，还是踏踏实实工作吧！

所以，对那些勇于跳槽、敢于跳槽的自由人，我们还是不得不佩服的。尤其是，"跳槽"这项技术如果把握好了，绝对能达到一跳槽就加薪、一换岗位就升职的效果，简直"跳"出了康庄大道，何乐而不为呢？

可是，这技术是那么好学的？千万别画虎不成反类犬，得了"跳槽症"就不好了。

职场上，那些"无家一身轻"的新人们，往往是"跳槽症"最中意的对象。比如同事的表妹 L 小姐，就是这样一个"说走就走"的自由主义者。

工作了一年多，L 小姐就换了将近十个公司，待的最长的一个才坚持了 2 个月，最短的更是没挺过 15 天。仅仅是辞职信，她就写出了花样。

"世界这么大，我想去看看"，这样的辞职理由，在 L 小姐这里可真算不上"出位"，作为一个一言不合就跳槽、受了委屈就辞职的职场"炸弹"，这位姑娘写过的奇葩辞职信可是多了去了。

"男朋友跟我分手了，心情不好，要辞职。"一开始的理由，在恨得牙痒的经理眼里，还是能看出一点值得同情的地方的。

"从公交车站到办公室每天要走两站路，太远了不方便，要辞职。"慢慢地，这理由就有些"脱轨"了，如果我是这位拿着辞职信的经理，一

定立刻被泪水淹没了——老子步行半小时来上班，抱怨过一个字吗！

咦，愤怒之余，怎么还有点小羡慕、小委屈呢？算了，一定是错觉！

"最近胖了6斤半，辞职回家去减肥。"到最后，这辞职理由更是难以直视了。

L小姐，你真的不是灵机一动、随便编造的理由吗？就算来个"乡下的柱子哥结婚，新娘不是我"也比这些说得过去呀！

"我还就是随便编的理由！"L小姐倒是干脆地承认了，"反正我还年轻，找份工作还不容易？待不下去了，就辞了呗！"

"你就不怕自己没有工资，过不下去？"

"嗨，这有什么。我一没家庭二没孩子，那是一人吃饱全家不饿。就实习期这点工资，还不够我逛淘宝买口红的呢！"L小姐毫不介意地摆摆手，"反正没钱了就各回各家，各找各妈，绝对饿不死的。"

"可是，你为什么这么频繁的辞职？"同事忍不住问了自己的表妹。辞了一家公司，还可以说是他们的错，这么多公司，真的不是表妹自己……

"反正不是我的问题！"还没等同事腹诽完，L小姐就斩钉截铁地为自己"洗白"了，"现在的工作可真不好干，怎么都不顺心，难道还要委屈我吗？"

在L小姐的形容里，这些公司各有各的"差评"之处。第一个公司是搞销售的，钱少事多客户难缠，"我就像升级打怪一样过日子，还天天能刷出大Boss"，L小姐表示，为了自己不过早地脱发，得辞！

第二个公司，客户倒是少了，可同事又成了"奇葩"。"我对面的同事那就是一本'盗墓笔记'！"L小姐嫌弃地说，"你说这是什么意思？就是整天散发着刚盗完斗没洗澡的味道啊！"一个"生化武器"，再加上隔壁的"八卦精""猥琐男"，配上上司"老秃鹫"，L小姐为了自己的人身安全，辞了！

L小姐，别光说他们，你也是个"外号王"啊！

到了第N个公司，同事客户上司全搞定了，一切都看起来都是那么和谐，总该消停了吧……才怪呢！L小姐又有意见了："公司环境忒差劲，电梯三天两头停，有事没事就得爬个22楼，合着我这是在健身房上班呢！"辞！

……

总之，就是辞！辞！辞！

就这样，工作一年，L小姐的经验倒是积攒了不少——我是说，辞职跳槽的经验。如今，她已经变成了标准的"不跳槽不舒服斯基"，只要一份工作坚持两个月，保准要找机会跳槽，找不到理由创造理由也要跳。

这，到底是怎么一回事呢？

怪异心理学

根据调查，越是职场新人，在"跳槽"上就越感兴趣。工作第一年的毕业生中，会有将近三四成的比例跳槽一次以上，而且跳槽次数越多，以后在工作中就越容易因为各种原因跳槽。

看不顺眼自己的工作怎么办？人家是"忍"，他们是"换"！没错，就是这么潇洒，就是这样"霸道总裁"！拥有"跳槽症"心理的同志们，都是这样一群容易"热血上头"的家伙，他们并不十分重视自己的工作，所以一点点小问题就能引来这群"职场处女座"频繁的挑剔，进而演变成一次次跳槽。

再加上，在机遇颇多的城市中，寻找一份看起来"更好"或者"差不多"的工作，实在是太容易了，这就更降低了跳槽成本。"此处不留爷，自有留爷处"，抱着这样的豪情壮志，再加上可能更丰厚些的待遇，不跳槽，还等什么呢？

时间一长，当你反应过来，自己的新工作总是做不满两个月的时候，就已经患上"跳槽症"了。

有病？得治！

　　"跳槽症"最根本的原因，还是患者在心理上对职业的定位太模糊了。

　　他们并不清楚什么样的职业是"好的"，什么是适合自己的，甚至不知道自己应该珍惜哪一个机会。既然都是混点钱，在哪里混不一样？抱着这样的理念，他们就很容易受到各种因素的引诱，毫不留情地"跳槽"。

　　对待这种心理，做一个长远的、靠谱的职业规划是必须的。在跳槽之前，你应该比较好两份工作，哪个更让你觉得有兴趣呢？哪个平台会更好？不看眼前的待遇，哪一个升值的空间更大呢？做好充分的准备和理智的判断，再跳槽就稳妥多了。

　　不掌握跳槽技巧，只累积了跳槽数量，只会造成一个结果——你的同龄人都变身管理者了，你还在拿实习工资呢！

新型抑郁症——听到"工作"，我怎么就有点抑郁呢？

抑郁症，大约是困扰了无数人的一个重要心理难题。

遇上点让自己不舒心的事，你可以说"我抑郁了"，放心，这绝对不是病。可有事没事都要"抑郁"一下，做个走不出来的悲观主义者，就很可能染上抑郁症了。

别看都是抑郁症，细分下来种类也各有不同。这不，善于"整理"的日本人，在分析抑郁症的时候，就成功挑出了一个新的门类——新型抑郁症。

或者，我们也可以形象一些，叫它"工作抑郁症"。这种抑郁症非常适合广大想要偷懒的上班族们，它专门在工作时期出现，一下班，立刻精神焕发。你说，这是不是很神奇呢？

"真有这'新型抑郁症'？那我绝对是患了这种病了！"朋友圈中的"请假王"小A自从知道了这个名词，就给自己的"懒"找到了完美的名词解释。

我忍不住扶额叹息，有了"抑郁症"这个大杀器在手，大概他的老板又要愁掉一片头发，脑袋上的"青海湖"那是分分钟变身"地中海"，指不定还要往"太平洋"发展的节奏。

直接把小A开了，眼不见心不烦？这还真不行，在小A就职的小公司里，技术人员可不多，作为一个能跟老板拍桌子的顶梁柱，这点特权他还是有的。

大概就是身上的压力太大，才让小A在工作的短短几年里，从一个新世纪劳模化身抑郁症患者的。还别说，用"新型抑郁症"形容他这毛病，的确贴切。

"去年连着加班超过一个月，我天天都在路上跟月亮打招呼，后来你猜怎么着？"小A郁闷地说，"只要一听'加班'两个字，我就头疼眼疼脖子疼，哪哪都不舒服。"

我在一旁看着他，心想：别装了，你心里不知道多开心呢！一次长期加班，终生免加班，多划算的买卖？

不过，要想做小 A 这"买卖"也不容易，光有演技还不够，身体状况也得配合。一听到"工作""加班"两个字，就化身林妹妹，装模作样来一句"哎呦我晕"！放心，下一秒你就会迎来一通嘲笑——"别装了，刚才偷着打游戏的那个不是你？"

只要是伪装的，总有机会出破绽。可小 A 这情况可不一样，他的身体绝对演技一流，连自己都控制不住。

"其实，我也不想头疼，可身体反应真的很大！"小 A 也十分疑惑，"在加班时，甚至是一些上班时间，我只要一排斥工作，脑子立刻变成浆糊，钻井机都搅不动。别说做项目了，签字的时候不写错字都难！"

看来，上次跟人签合同，没写自己名字，反而照着对方的签名抄了一遍的事故，他还是记得很清楚的。

"你还说，上次我还以为你犯了临时性老年痴呆呢！"我忍不住笑了，"你这抑郁症可千万别发展下去，万一跟我们那个'看不见的'工程师一样，那就太可怜了。"

别误会，这可不是灵异事件。

我们这位工程师大概也是压力太大，患上了"平时视力 5.0，一看文件就变 0.5"的奇葩毛病。看来，也是新型抑郁症作祟咯？

小 A 似乎对自己也没什么信心，一直到临走还时不时摸摸自己的眼睛，这是担心它俩也叛变吗？

自从有了"一听工作就没精神"的"护身法宝"，小 A 的老板也不再像过去一样给他压力了，工作更是清闲了不少，可这倒让他的毛病变本加厉起来。

平时，只有在做自己擅长、喜欢的方面时，能看到他眼睛一亮，大多数时间他都保持着"我已经是一个废人了"的状态，而且发挥水平十分平稳。

一旦有时间，他就会拿着自己桌子上的日历，钻研一项神秘的事业——看看哪天能放假！别看是小公司，请假制度还是有的，小 A 就一改过去从不关注、有假期还要抢着要求加班的积极态度，变成了"请假高手"。

"国庆节放假前这几天能请假，节后我再调一个班，你猜怎么着？"小 A 只要摆出这样兴奋的表情，百分百是又出了请假秘籍，"那就是十一天小长假呀！"

总之，有假要放，没假厚着脸皮去请假也要放。短短半年间，小 A 就创造了单位员工一年的请假量——总额。

再这样下去，说不定哪天老板也要壮士断腕，将这尊大佛请走了。"新型抑郁症"，到底是怎么回事呢？

怪异心理学

这个起源于日本的病症，很快也在中国的上班族中蔓延开来。看来在这场"压力比拼"中，日本职员很努力，中国职员也不甘落后，迎头赶上了嘛！

一般来讲，只有平时好胜心强、工作努力且十分重视成败的人，才容易患上"新型抑郁症"。这类人的日常脑洞大约是这样的——"工作工作工作工作……"一天二十四小时跟工作打交道，时间一长，就容易产生排斥反应。

此时，他们将出现一种神奇的状态——临时抑郁。一工作起来，就愁眉苦脸、哀声连连，身体疲惫的像灌了铅，简直就是周扒皮旗下的员工。做什么都提不起精神，思维都僵硬了不算，一不小心，连身体反应都慢半拍。这真不是施加了什么"负面 Buff"吗？

可一下班放假？那就是活蹦乱跳、跑出家门撒欢的大型犬，还非得是哈士奇这种，饭馆夜店连轴转都扛得住。看来，这"Buff"还是有时效性的。

需要治疗吗？平时治疗时效果可能不错，但一工作起来，50％以上几率重现原形，这就是"新型抑郁症"的威力。

最重要的是，患了这病，周围人还不一定相信。一不小心，"不想上班"的帽子扣下来，就等着被老板扎小人吧！

有病？得治！ 👉

要治疗新型抑郁症，的确需要耗费大量的时间。你很可能遇到这样的问题——在看病期间，因为不在工作状态，所以完全看不出问题啊！而治病结束后，也只有回到岗位上才能检验效果。

所以，从根本上解决难题是治疗的最佳办法。根本难题是什么？"新型抑郁症"大多数源于患者的压力，平时工作中缺少"愉快"的感受，在压力和不满中度过，脑海里的碎碎念压垮了精神，自然会对"工作"产生排斥了。

这就像吃东西一样，就算你再喜欢吃章鱼丸子，一次吃上两百个，也会铭记终生、见了绕行吧？

所以，学会释放压力和不满，每天清算自己的压力，并且及时解决是很重要的。再培养一些简单的小兴趣，点缀一下工作时间，"工作"这事也就不那么可怕了。

人生匆忙症——哎呀，没看到我忙着呢吗？

现代社会，最不缺的一种人就是"盲人"——哦不，是"忙人"。

他们每天形色匆忙，永远挂在嘴边的词汇就是"我很忙""我没有空"，好像时间都是以秒来计算，比分分钟几百万上下的大老板还要有"精英"派头。他们的人生太充实了，忙得连抬头看一眼跟自己说话的人是谁都来不及。

因为太"忙"了，忙到来不及认真地享受生活，忙到都来不及思考自己在忙什么。你说，这不是生活中的"盲人"吗？

这样生活状态的人，我管他们叫"人生匆忙症候群"。

"P姐，最近你怎么不出来聚会了呀？"

"最近忙啊，实在是太忙了，根本没时间呢！"

"真不愧是做实事的人，那您最近在忙什么呢？"

"忙……就是那些该忙的事呗，太多了，我也说不清楚。哟，不跟你说了，我这来了个短信，得快点走了。"

这样的对话，常常发生在大忙人P女士的身上。对外她的标签有很多：微商达人、语言学爱好者、办公室女强人、爱好广泛交友甚广……总之，怎么看怎么成功。

"这年头，像我这样全面发展的人可不多了。"P女士常常以自己"多面手"的身份为傲，并时刻准备着开辟新的领域，"你也想这样？那你得动起来啊！女人，就得对自己狠一点，平时挤一挤，时间总会有的。"

她的时间，就像被切成无数块的海绵一样，分散在各种各样的事情上，然后被挤压出所有的水分。没有谁比她更会利用时间，也没有谁比她更忙碌。

平时打个电话，连彩铃都是她的独家定制"广播"："你好我是小P，如果非公事或事务不紧急，最好在以下时间联系……"这下好了，打电话的时间就省下了。

我们都猜测，不久的将来，P女士的电话会变成另一个画风："公司事物请按1，微商购物请按2，……人工服务请按0。"说不定，人工服务还会占线转接呢！

就连她的qq签名，都改成了这样励志的话："急事快点做，缓事当天完，大事排在前，小事顺手兼。"完全一副"几手都要抓，几手都要硬"的态度。

这样的人生，够充实了吧？够成功了吧？够令人羡慕了吧？

可是在背后，她却是这样的生活状态——

因为每天兼顾太多的事，恨不得将自己的生活"充实"到爆炸，她在醒来的时候几乎没有空闲。手机24小时实时在线，平时工作时间在12小时上下，还不包括做微商跟人交流联系的时间。只要手机不响，她就像丢下什么似的忐忑不安，必须握在手中才能放心。

无论做什么，她都像冲锋上阵似的着急。吃个饭15分钟搞定，逛超市必须控制在半小时内，必要时还可以跑步前进，在公司里等个电梯，一旦没挤上立刻换楼梯，哪怕10层她也要爬上去。一看到排队就着急、一闲下来就紧张，这就是她的生活。

"我的时间太紧了，怎么能让我等？"这简直就是她的座右铭。

就凭她这着急劲，我敢保证，就算是去赶着投胎她也要冲在前面。

可，这样忙碌下来的P女士，真的像人前显露的那样成功吗？

她是外人眼中的微商达人，虽然每天都挤出许多时间在上面，可是她太忙了，忙得没时间专心发展，几年下来客人越来越少；

她是办公室的女强人，可是大量的精力都放在工作之外的事上，空有好胜心，却什么都做得一般；

她是语言学爱好者，自学了三四门外语，可平时没有用到的机会，拖上一阵以后，也就只能认识"撒有哪啦""欧巴阿西吧"了；

她爱好广泛，可个个都只通皮毛，没时间深入研究；她广交好友，却没精力维持一段长久的友情……

忙来忙去，她似乎只给人留下了"忙"的印象，却一样都没做好。

怪异心理学

"人生匆忙症"是一种长期忙碌下才会出现的症状。如果你也是个都市中打拼、每天睁眼闭眼大脑都飞速旋转的职场人，就得警惕自己是不是"人生匆忙"了。

当你走路的时候，是不是一个不注意就会加快脚步，好像"赶着投胎"，却压根不知道自己为什么这么做？当你开车的时候，是不是一不小心就会兴奋开"飙"，甚至冒着超速的危险，却不知道前方到底什么在吸引自己？别犹豫了，你这就是"忙"惯了的表现，你已经习惯攥着时间的海绵，甚至恨不得给它来个烘干了！这要不是"人生匆忙症"，也就没有其他人是了。

为什么我们会开始"匆忙"呢？大多数人都是被迫"匆忙"的，如果有机会躺着，谁愿意站着？有机会闲着，也没人愿意忙碌呀！没办法，竞争压力太大，大脑始终亢奋着，动作也就忍不住"动次打次"地加快了。同时，我们还常常没有安全感，这时只有忙起来才能安心。

有病？得治！

"人生匆忙症"从本质上讲，是一种紧张的强迫症，我们在强迫自己匆忙。所以，按照治疗强迫症的方式对付它，一治一个准！

首先，"匆忙"的源头是紧张，只有长期的紧张和焦虑才容易引发"人生匆忙"，一个好的倾诉，直面自己过去的阴影，可以让我们迈出摆脱"匆忙"的第一步。别害羞，有什么不开心的说出来就会好了嘛！放心，我们绝对不会拿它开心一下的。

同时，强迫症的治疗办法之一就是——转移注意力。只要开始情不自禁地摆出"我很忙"的样子，就赶紧强迫自己转移注意力。既然自己总是匆忙，就将每天的事务安排减少，尽量多安排工作时间长的事，减少事务的数量，就会避免因为工作繁杂造成"这么多活，我很忙"的错觉。

最后，还是赶紧给自己定一个目标吧！如果你的目标是"每天做完一百件事"，我估计你的人生匆忙症大概一辈子都治不好了。只要完成一个简单的目标，比如每天完成3到4件工作，一天任务就明确结束，这可以帮我们规划得更好哦！

最后，确立一个明确的目标，并制定出一个清晰的计划，是摆脱"都市匆忙症"的一个很有效的办法。

休闲病——爱忙不爱静，闲起来要人命

我们常说这样一句话："我又不是人民币，怎么可能让人人都喜欢我。"人民币大家人人都爱，如果非要找出一个跟它同等地位的东西，你会指定什么呢？

让我来告诉你们标准答案吧，那就是——

假期！

假期，美好的假期，休闲的假期，可以想睡多久就睡多久、窝在沙发上自由地消磨时间的奢侈假期！这个世界上，还会有不喜欢放假的人类吗？

哎，还别说，这样的异端还真的存在，而且到现在都没被人烧死。当他们聚集在一起的时候，明显的特征就告诉了我们——这就是"休闲病症候群"呀！

放在我们中国，一个朴实简单的词就能解释这种现象，那就是"劳碌命"！

职场上打拼多年的 W 君就是个美名远播的"劳碌命"——当然，现在他的名声似乎没那么好了。

为什么呢？原来，过去的 W 君身份是下属，整天勤劳工作、从不要求休假、没有加班创造加班也要上的他，自然赢得了老板、上司以及同事在内的一应好评。

老板："上哪找这样廉价的劳动力？除了发传单的以外也就是 W 君了。"

上司："勤奋朴实，好好干，我看好你！好了，顺便帮我把这个也写了吧！"

同事："今天放假出去 high！你说工作？没事，我跟 W 君一个小组呢！"

"跟 W 君一个小组"，你永远无法想象，这在 W 君的公司里是多么

幸运、幸福的一句话。为此，人们争相跟 W 君套近乎，生怕失去了和他共事的机会。

可这好境况，在去年改变了——W 君积累了经验，出来单干了！

做了老板的 W 君，也按照自己的作息开始要求下属们。就拿加班一项来说，工作日必加，双休日选加，哪怕是法定节假日，也得布置点"家庭作业"带回去做。总之，老板不放假，员工敢自己放吗？

这时间一长，W 君就变成了最无法相处的老板。摊上这么一个"钢铁侠"与"劳动模范"的结合体，实在让人欲哭无泪啊！

"哥，你平时这么工作，受得了吗？"鉴于 W 君在不知不觉间招惹了这么多人的怨气，小 W 君——他的弟弟一露面，就被下属怂恿着去旁敲侧击了，"也给自己放个假吧！"

哪怕正常放假一次，他们也会痛哭流涕的！

"受得了，怎么受不了啊！"W 君并没有反应过来，"我一放假就难受，不仅心慌气短，还常常生病，精神更是提不起来。现在，你跟我说'放假'我都要犯晕！哎妈，要晕了要晕了。"

没办法，能忙不能静，闲起来要人命啊！

"这……可你得给员工们放个假吧？"一计不成，小 W 君只好实话实说了。

"他们想要放假吗？难道他们不会难受？我可是为他们着想啊！"大概是被"放假"折磨了太多年，W 君的思考回路已然有些不正常了。

不想放假的人，真的只有你啊！

怪异心理学 👉

"休闲病"是大多数长期忙碌、工作压力大的人容易犯的病症。它的威力可不同于其他心理疾病，别的疾病只是"精神攻击"，休闲病却是双管齐下，精神肉体双重打击，保准取得"1+1>2"的效果。

当我们在日常紧张的环境下，习惯了忙碌时，身体就会分泌大量的肾上腺素和皮质醇，这些都是天然"兴奋剂"，就算不能保证我们一口气工作五天不费劲，也能很大程度上刺激精神，保证工作质量。同时，我们的心理暗示也非常强大，能够让我们的身体暂时"注意不到"各种不适，完全不表现出来。

而一旦休假，"兴奋剂"的后遗症就表现出来了。由于激素分泌减少，心理也不能继续"欺骗"我们自己，各种病症、心理负担和精神问题就会一一出现。这样一来，就有了"平时十分精神，一放假就各种不舒服"的情况。

有病？得治！ 👉

想要治疗"休闲病"，真正享受一次正常的假期，在心理上学会放松自己是最重要的。反正都是死，为什么不学会享受生活再死呢？

放假的时候，不要总是躺在沙发上，摆出"我已经是废了"的表情，多尝试一下新鲜事物会更精神。而且，一个有趣的、不劳累的新鲜尝试，能让你的身体放松得更加彻底。

虽然是放假，也要给自己的精神带上一根"缰绳"，不要像脱缰的野狗一样随意乱跑，随便挥霍自己的时间。制定一个宽松的计划，灵活地完成它，可以保证你劳逸结合。

没错，就算吃饭睡觉这样的小事，也可以写在计划上哦！

最后，没事多出去运动，增强身体素质、缓解心理压力也很重要，同时学会真正的"放假"，那些工作上的事就远远丢在脑后吧！这样，你才有机会解决掉"休闲病"。

第四章
夜深人静，来点"羞羞"的话题

· ·

在这个开放的社会，一起创造生命的大和谐已经不再是难以启齿的话题——没错，就是聊聊那些关于性的"羞羞"事情。正别说，真有不少特殊人士，一到这种时刻就化身为狼，跟别人有些不一样。难道，是因为今天的月亮特别亮吗？

处女病——你好，请问你是处女吗？

如果要在医院这样救死扶伤的神圣之地，硬是挑出一个最没有必要的手术，那我还真不好挑选——

别误会，不是挑不出来，而是太多了分不出上下！不过，当这个手术从我的脑海浮现时，其他的"鸡肋"手术就自动退居二线了。

那就是"处女膜修复术"。请告诉我，这是否又是一种中国特色社会主义现象？

没办法，存在即合理，有需求才会有市场，光看看妇科医院这大规模的广告手笔，你就能猜到这手术不仅有市场，市场还很大哩！

如果在两性关系上，忽略其他特点，沉迷于"处女""非处"的差别，这种人大约就是"处女病"的患者了。

Y 小姐就是近期才受到"处女病"传染的。没错，这种病还可以传染，据我毫不科学的分析，除了家族制传递的"处女病"患者外，它还经常在伴侣之间传播。

"你要去做处女膜修复手术？"Y 小姐的这个消息，震惊了她身边的朋友。Excuse me？这还是一周前信誓旦旦要做"新女性"的那个 Y 小姐吗？

"这也是没办法的事啦！"她一边神秘地从包中掏出不知在哪里找到的宣传册，一边向朋友展示道，"你看看，这家医院怎么样？有名的妇科医院，专管人流这方面的。"

"……这跟处女膜有什么关系？"

"……对哦，没关系……"Y 小姐楞了一下，却还是忍不住笑起来，"没事，他们都说这里整得很好！"

什么时候，处女膜成了女人的第二张脸了？还整得好，是好看的"好"吗？

仔细一问，才知道Y小姐最近为什么抽风。

原来，大龄女青年Y小姐终于抵挡不住母亲的唠叨，维持不住小清新单身文艺青年的派头，在上个星期偷偷加入了相亲大军。

"我第一次在相亲对象这里，看到这么优秀的男的！"Y小姐激动地唾沫横飞，"不都说相亲的男人或多或少有问题吗？这个完全不同！"

与相亲男相处了半小时，Y小姐就拜倒在他的西装裤下了。她发现对方对自己也挺满意，更是增添了信心。

"你瞧，这不是水到渠成的事了？在那一瞬间，我连我们未来的孩子叫什么名都起好了！"Y小姐突然皱起了眉头，"可你知道他下一句说了什么吗？就算问我'工资几位数银行卡几张家里房几套'我都能想象，他竟然问'不好意思，我想问问……你是处女吗'！"

"噗，"朋友的一口咖啡喷在了桌子上，"见面不到一个小时，就敢问出这种话？这人是不是傻！你就该一个大嘴巴呼上去，让他知道马王爷有几只眼！"

"几只眼？"Y小姐被朋友说蒙了，"等等，不是这回事！我是挺生气的，这不是摆明了直男癌吗？可是……"

一看Y小姐的表情，朋友就知道不妙。果然……

"可是他实在很优质啊！没办法，我只好想出这个招数了——处女膜修复！这样就不怕有问题了！"Y小姐又立刻得意起来，"你看我聪明吧！看看这广告，'百分百真实还原，无痛无创，术后即可正常工作'，还打五折呢！"

对这个已经陷入感情旋涡，愿为爱"牺牲"的姑娘，朋友已经无言以对了。瞧，一个处女病患者就这样成功传染给了未来可能的另一半，完美！

一个见面说不了几句话，就直奔"处女"话题的男人，被放逐到相亲市场上也是十分正常的事了。当一个人面对女性时，无法从正常角度交流，只能靠"处女"与否辨别，他就深深地陷入了"处女病"的危害中。

这是病，得治啊亲！

怪异心理学

患有"处女病"的男人，往往喜欢物化女性，也就是将女性看做货物来计量。在他们眼中，一个未来的伴侣并非是与自己完全平等的，而是像物品一样，还要靠"处女""非处女"来辨别。如果是处女，那就相当于超市里的正价商品，非处女则是打折货、二手货。瞧这样的物化天平，他们把感情也放在利益上斤斤计较，更是将另一半当做货物一般比较，生怕自己吃了亏。这种人，往往暴露出自己的心理缺陷。

而一部分女性，也是"处女病"的患者。他们和男人一样，可能是在成长过程中，受到传统思想影响过甚，也可能是内心的自卑作祟，没有正确看待感情生活和个人价值。这些口口声声绕着下三路打转，把"性"当做男女关系里最至高无上的决定性因素的人，很需要心理上的疏导与关注。

有病？得治！

想要治疗处女病，正确地看待男女关系、性和感情是很重要的。

男性在挑剔女性是否处女的时候，请先记得问问自己——你是处男吗？就算是，处和非处也不是肯定或否定一个人的标准，在对待感情上，你还需要进行正确的认识。

男性尊重女性，女性尊重自己，是交往前最该做到的准备。没有相互的尊重，就不要谈感情的交流，更不要提"性"这个字。当你真的做到了尊重女性的时候，就该知道"处女"二字是最不重要的事。

最后，如果还是走不出"处女"的魔咒，可以选择找他人倾诉，并多进行科学的了解，一步步缓解症状，改变自身心态。

性焦虑—— 一接吻就晕倒，是太激动了吗？

问一个冒昧的问题，你觉得自己的"性教育"做得到位吗？

别误会，这是个十分纯洁简单的问题，跟你看过多少 A 字开头的片子无关，也跟你是否进行过实践无关，而是对待"性"，你的态度是怎样的？

有的人对待"性"十分开放，甚至敢于在公开场合谈论，乐于充当解放天性的急先锋；有的人却十分保守，别说发表自己的态度了，就算看到"性"这个字，还要忍不住脸红一下。

对待后者，我想问："为什么这个字放在'男性''女性''性别'里的时候，你觉得十分坦然，单独写出来就让你如此羞涩呢？"

So interesting！

归根结底，大概还是"性教育"还不够的原因吧！也许你觉得这种教育可有可无，但当你看到"性焦虑"的倒霉蛋们时，就知道"知识改变命运"是多么贴切了。

T 小姐的禁欲系男友，就是个隐藏的性焦虑患者。对待这个初恋男友，一开始，T 小姐对他的感情是十分纯洁的。于是，他们就在无比纯情的状态下，谈了长达两年的"幼儿园"式恋爱。这期间，如果要 T 小姐说出一项最有成就感的事，她绝对会选择这个——

"在我的不懈努力下！我们终于在一百天的时候牵手啦，还是十指相扣呢！"T 小姐一说起来就忍不住笑了，可心里却老泪纵横，有个这么纯情的男朋友，以后还能等到他主动吗？

事实证明——不能。两年过去了，T 小姐到了适婚的年龄，可两人之间的关系还停留在拉拉小手的状态下，就算亲吻也只限于脸蛋。就这样，男朋友都要面红耳赤半天，好像 T 小姐是夺走他初吻的强盗。在这种情况下要求接吻？不好意思，他实在做不到啊！

T小姐就这样从一个纯情少女等成了"老司机"，对此，她的内心是抓狂的，表情是悲伤的，心路历程是这样的——

恋爱半年："他今天也拉我的手了！主动拉手哎，我好开心！"

恋爱一年："今天亲我了！为什么不是嘴呢？是不是下次我得主动噘起来暗示一下？"

恋爱一年半："努力一下，很快就能接吻了，说不定还会……嘿嘿嘿，讨厌，害羞死了。"

恋爱两年："为什么还没有接吻！也没有性生活！"

现在："我不管！我要亲密接触，我要【哔——】"

不好意思，脑内剧场过于黄暴，只好屏蔽了。

在T小姐的不懈要求下，男友终于答应了。这回，难道他们就要迎来惊心动魄的第一次吗？

不。

"你能想象吗！刚抱住亲了我一口，我还没感受到接吻是什么感觉的，他就直接晕过去了！"T小姐彻底抓狂了，"半夜里打120叫人，人家看到我们穿着睡衣，还以为我们俩搞什么不良运动了！老天，我们什么都没做！"

等到男友悠悠醒来，她才发现，人家什么事都没有！医生丢下一句"太紧张，过度焦虑晕了"就走了，留下T小姐和男友面面相觑。

"对不起……我，我一想到接吻都会焦虑，太紧张了，我也没法控制啊！"男友不好意思地说，"更别说是性了……天哪，在你面前提起这个字，我都想直接晕过去。"

在这种"一言不合就昏厥"的状态下，男友只好克制自己的行为。所以在过去的几年间，他只敢牵手亲脸，就连这都是鼓起了莫大的勇气、克制住了身体全身肌肉僵硬的趋势才做到的！而和T小姐一起创造生命大和谐这种事，就算在梦里想想，大概也会吓醒吧！

来，让我们为男友同志的坚持恋爱的毅力鼓掌！至于 T 小姐的愿望，实现起来大概是任重道远了。

怪异心理学

T 小姐的男友之所以有"性焦虑"，还是因为缺乏必要的性知识。"焦虑就要多读书"，这一点放在他们身上也适用。

事实上，性焦虑更容易出现在女性身上，T 小姐的男友绝对是男性同胞中一朵与众不同的白莲花，好清纯毫不做作呢！他们往往是在童年时期受到了严格的教育，尤其是在"性"这个方面，更是被严防死守、牢牢管制，导致对正常的性知识一无所知，甚至可能因此挨过打、挨过骂，所以"谈性色变"。

虽然还不至于达到"接吻就要怀孕"这样的水平，但对缺乏了解的未知事物，他们还是会感到惧怕。所以，接吻、性生活甚至谈论起性生活，都会让这群过度纯情的家伙感到紧张，一个不好，"吧唧"晕过去也是很有可能的。

还有，如果第一次性体验不那么美妙，留下了相当深刻的阴影，也一样容易引起焦虑哦！

有病？得治！

性焦虑既然是因为缺乏知识导致的，接受教育不就可以改善了吗？这种治疗是直接治本的办法，简单粗暴却卓然有效。

在进行"性教育培训班"的时候，记得让情侣两人一起上课，共同接受教育能保证更快解决问题——至少也要让不焦虑的一方，了解一下自己的搭档治疗到了何种程度嘛！

知识学到了，就得用实践来检验一下真理了。这时候可以循序渐进，先从语言、行为暗示，不断进行交流，再循序渐进。

这就相当于一边做情侣间的亲密行为，一边进行医疗报告——"我这样还可以，再靠近一公分会紧张。""好，我拿本子记下来，等等，让我拍张照。"好吧，事实当然不会这样狗血，但也不能太过随意，否则你的"蜗牛"伴侣就要害羞得缩回壳里了。

等到进行完整的实践操作（你懂得）之后，性焦虑基本就克服了一大半了。之后，只要能够感受到乐趣，就不必再担心"性"的问题，更不会接吻昏倒啦！

恋老情结——遗产算什么，我们是真爱

林子大了，什么鸟都有。这句话虽然不好听，用来形容人们挑选伴侣的口味却是相当合适的。

就拿姑娘们来说，有的就是"颜性恋"，男女不论，好看的优先，有的却坚决表明"不喜欢帅的"，问她们为啥？答曰："不安全。"仔细一想，这也对呀！还有的喜欢"小鲜肉"，人生目标就在往"姐弟恋"奋斗，另一群却是"大叔控"，不是大叔她不爱，就欣赏成熟稳重款的……

嘿，你的心上人喜欢什么款，你确定了吗？

其中，"忘年恋"大概是最少见的伴侣类型了。这里面，大约有相当一部分人拥有恋老情结。

几年前，社交网站上一对恋人突然火了。从性别看，男女搭配，十分正常；从交往方式看，就是没事喜欢腻在一起秀恩爱，也没什么特别的；可从年龄看……一个19岁的女孩，怎么会喜欢上五十多岁的老男人？

可人家还真就一脸甜蜜地拍着合照，姑娘还大声宣告着："我就是喜欢他这个人，他没有钱我也喜欢！"

"这算什么新闻呀，不过就是一种择偶标准而已。"E小姐敲了敲手里的屏幕，十分淡定，"就许你喜欢长得帅的，她喜欢身材好的，不准人家喜欢年纪大的？在她的审美观里，这位大爷就是最帅的那一个！"

别看E小姐口口声声称呼着"大爷"，她的男友也并不年轻。至少，跟二十岁出头、青春靓丽的她比起来，45岁绝对算得上是"爸爸"级别了。

"你当然理解了，你看看你这'父女恋'，劝都劝不回来！到底老男人有什么好的？"旁边的闺蜜忍不住吐槽。

"怎么了，还不准人家自由恋爱了？我就是喜欢他！"E小姐气哄哄地说，"别逮着忘年恋就说人家是为了钱，遗产算什么，我们这是真爱！"

用 E 小姐的话说,那就是"你不懂他的魅力所在"! 这种比大叔还要"大"一个层次的男性,只要风度翩翩、精英气质,就能让 E 小姐立刻拜倒在地。

她喜欢的,就是这一款。

E 小姐这样的"忘年恋"人群还有不少,大概是跟朋友圈秀恩爱的效果不佳,他们这些有着相同眼光的人,就共同加了一个微信群,平日里聊得别提多 high 了。

目的? 当然是秀恩爱了!

"看看我今天新钓到的帅哥! 有气质吧?"搭配一张自拍,下面引来一串赞美。

……这位姑娘,我怎么看,旁边那个都是"帅伯"呀? 你看看那慈爱的目光,真的不是把你当闺女看了吗?

"我喜欢这个阿姨很长时间了,你们觉得我什么时候表白比较好?"这次是个纯情的男孩子。

只是,你的照片里好像只有个奶奶吧? 孩子,平时做好事扶老奶奶过马路可以,偷拍就不对了啊!

除了这些,哭着喊着表达"真爱"、自拍照一发就刷屏,怎么看怎么像爸爸领着女儿、妈妈带着儿子的搭配也是频频出现。据 E 小姐说,这个他们的小圈子是"忘年恋"者的心灵港湾,那就是浮躁世界的一片净土啊!

"在这里,没人会说你找了男女朋友是脑子有病,更不会有人觉得你是为了遗产的骗子。"E 小姐很得意,"最重要的是,它还兼具红娘功能哦! 好几对散了的情侣,都在这里找到了另一个对象。"

所以,这是一个"你的前男友是我的现男友,我的现男友是她的爸爸"的神奇关系喽? 恋老情结的人们,在爱情上所处的次元实在令人无法介入啊!

怪异心理学

恋老情结有两种，一种是迷恋年纪大的男性，一种则是迷恋女性。之所以有这种感情，往往是因为儿时在情感发育期遇到了问题，由恋父恋母倾向转化而来。

简单点说，我们的大脑就是个发育迟缓的"笨孩子"，其中感情发育尤为特殊。在不同的年龄段，我们对不同感情的敏感度不一样，六岁左右正好是最"恋父恋母"的时期——要是放到十六七岁，大概是刚好相反吧！

如果在儿时这个阶段受到冲击，感情发育就可能突然停止了。这时的感情状态，就很可能影响后来的择偶标准。于是，恋老情结就产生了。

有些人喜欢中老年人，是因为"年纪大了会疼人，越大越会疼"，喜欢他们成熟的相处方式；有的则又崇拜又喜爱，向往与这些成功的中老年人分享他们在生活中得到的魅力。

"我吃得盐比你吃得米还多"，这句话在恋老情结的人眼中，魅力可能不亚于"这片鱼塘我为你承包了"吧！他们喜爱这种有经历的人，这种尊敬、向往就成为了爱恋。

有病？得治！

如果恋老情结不严重，我们可以采取正常人的处理办法——将它升华到另一个境界。大多数人都会对中老年人、对比自己权威且有力的人产生崇拜与喜爱，一般人就将它定义为了"前辈与后辈""偶像与小粉丝""努力的目标与奋斗者"，而恋老情结者则直接断定为——我一定是心动了！我们是"爱恋"关系！其实，换一种方式去思考，这种关系也许就不一样了。

如果一定要展开恋爱甚至走入婚姻，则需要进行长远的规划。"忘年恋"可不是一次心血来潮就能秀好的恩爱，只有协调好两个人之间的种种差异，能够保证两人步调一致，未来才好走下去。

　　不信，如果对方早上五点就起床遛弯，而这时候你刚刚通宵回来睡着，这日子还能过下去？简直是白班夜班轮值的状态，就算精神恋爱也挽救不了了。

恐男恐女症——别过来，我……我对异性不感冒

看过美剧《生活大爆炸》的人都知道，作为主角的天才四人组中，平时看起来最正常的莫过于印度"阿三哥"拉杰。当然，不显露一点与常人的不同之处，也就不能算是"学霸"主角了，拉杰也有着自己的特殊状况——

一看到女人，就完全没法讲话！

怎么，这年头社交恐惧症都有性别歧视了吗？我要抗议！

这种有自带"性别歧视"雷达，能够分辨男女，专门在男性或女性面前才会有的恐惧症，就叫做"恐男／恐女症"。一般来讲，患者往往恐惧的都是异性。

废话，如果是恐惧同性的话，岂不是这辈子都与镜子无缘了？那就真变成了"一照镜子把自己吓死了"的悲惨案例了。

内向害羞的乖乖女小 D 就是恐男症患者。单亲家庭、被母亲抚养的她，有着得天独厚的"患病"条件，日常生活中跟异性亲密接触的机会，那就基本等于零啊！

"以前我还真不觉得我有这种病！"小 D 无奈地说，"我姥姥一口气生了 7 个姑娘，除了我妈妈，平时我见到的最多的就是姨妈们，就这样见面机会也不多，我连我几个姨夫的长相都经常弄混呢！"

好几次，小 D 都闹出了见到"二姨夫"心里却念叨着"三姨夫"的事故，搞得每次家庭聚会都变成她的一场"认亲仪式"。可没办法，她太害羞了，根本不敢看几眼，下一次见面还是可能忘掉。

至于在学校里，那就更令人放心了。"我从小就读的学校，都号称当地'第一监狱'。"小 D 淡定地说，"上课的时候，教室里会画一道'三八线'，左边坐男生，右边坐女生，泾渭分明。"

在学校美其名曰"防止早恋"的严格管理下，男女生靠近距离低于 40

公分、两手相距低于 10 公分就可能被盯上。单独聊天？勾肩搭背？好了，你已经满足了三方会谈的基本要求，叫你家长来一起好好聊聊吧！

在这样的学校……哦不，绝对是"训练基地"里成长，锻炼出来的绝对是比学习机器更胜一筹的"学习杀器"呀！可不妙的事也有不少……"别说一段美好的校园恋情了，我连班里男生叫什么名字都说不出来。"小 D 一脸习以为常。

在周围全是女性、家里的狗的性别都为"母"的情况下，小 D 完全不清楚该怎么跟男性交往。从修女式的生活中解脱，一进入大学，她就彻底傻眼了。

"同学你好，请问 XX 楼怎么走？"如果有男生向小 D 问路，保管会发生以下场景。

"……"

"同学你怎么这么看我啊，我不是坏人！"

"……"

"哎，同学你怎么脸红了、还那么多汗？你……你中暑了吧，别晕啊，我去给你叫人！"

"……直走左拐一百米。"在快把自己憋死之前，她总算做好了心理准备，把答案告诉对方了。不过……人呢？

除了陌生人，院系中的男生也有不少人对小 D 心生爱慕，但他们的表白无一例外，全部失败了。

"你好小 D，你可能没有注意过我，但……但是我想对你说，我喜欢你！"男生激动地看着小 D，磕磕巴巴说出了内心的表白。

至于小 D 呢？除了第一次因为太紧张，转头就以百米冲刺的速度跑走以外，剩下的答案几乎都是统一的："你别过来……我，我还不想接触异性啊！"

好吧，这个答案与直接跑开，对表白者的杀伤力简直不相上下。

　　还有的则一脸古怪，带着"我懂了"的表情鼓励她："我明白了，你也不容易啊！没关系，我不歧视你，你很勇敢，祝你早日找到真爱，加油！"

　　小 D："？？？"刚才发生什么了吗？

　　于是，在她还没弄明白之前，"小 D 性倾向"的传言就这样在大学里炸开。这下，表白者还多了一群同性，这可怎么活哟！

　　"到底怎么才能改变我的'恐男症'呢？"小 D 深受困扰，"总不能真的让我找个姑娘搭伙过日子吧？"

怪异心理学

　　在未婚的少男少女中，患有"恐男恐女症"的比例还真不少。别看有些男性五大三粗，二头肌比谁都壮实，走在路上就像行走的人形坦克，他们照样看到女性生物就发憷，如同见到洪水猛兽一般，恨不得把家里的母蟑螂都找人灭干净。

　　与此相对的，则是有些女性谈"男"色变，对待男性就如同老鼠见了猫——绝对不是"汤姆杰瑞"的版本，别提多恐惧了。总之，让他们与异性在一个空间好好相处，那就只有一个答复——"没门"！

　　之所以产生这种状态，跟青春期前后的性教育缺乏有很大关系。在刚刚对异性产生朦胧小爱恋的时候，如果有一个封建家长、古板老师，句句强调"异性是老虎"，这也不许问那也不许靠近，生生将男女两性完全分开，就很容易留下阴影。对异性的好奇和不解，会在那一刻停留在我们心中，以后再也无法解开。

　　所以各位家长，孩子不早恋，也不一定是一件好事哦！快测测他们有没有"恐男恐女"倾向吧！

有病？得治！

归根到底，对异性的恐惧都是一种社交恐惧症，心理学、行为学双管齐下才是硬道理。

心理学疗法很简单——害怕什么就谈什么。不是恐惧异性吗？那我们专门就这个话题好好聊聊呗。从为什么恐惧异性到异性到底是一种什么生物，透彻地分析一通，让"异性"这个词不再神秘，可以很好地帮患者解决问题。

"原来，异性也不是什么神秘怪兽，看起来也很不堪一击嘛！"有了这种心态，成功就看到一半了！

光在心里有还不行，真正"实践"的时候一样会出现问题，此时就需要行为疗法上阵了。在心理学里，"脱敏疗法"是一个令无数人又爱又恨的治疗办法，其原理简单粗暴——害怕什么就做什么。既然害怕接触异性，那就强迫你去接触，通过系统的疗法循序渐进，先接触自己的异性亲人，再增加数量，再扩展到朋友、陌生人……一点一点，你的行为异常就消失了。

性冷淡——性？我是柏拉图的忠实拥戴

近些年，在时尚界流行起一种特殊的风格——性冷淡风。

什么，穿衣打扮还能让别人窥探出自己"嘿嘿嘿"的风格？这也忒神奇了，该不会是名侦探柯南进入时尚界了吧！

仔细了解才发现，原来这只是一种形容风格的描述。作性冷淡风打扮的时尚达人们，秉持着衣服颜色越寡淡越好、款式越简单越棒、材质越自然越佳的"三大特色"，让人一看就觉得——嗯，这很高冷，很性冷淡。

由此可见，寡淡，大约就是性冷淡人群给大家的第一印象了。

穿着棉麻的舒适衣裳，戴着无框眼镜，以360°无死角"生无可恋脸"出现在我面前的，就是疑似性冷淡患者 R 君。

爱干净，爱文艺，爱玄学，谈起爱情永远关注"精神交流"，期待寻找自己的"Soulmate"，是 R 君最大的特点。"你对未来的伴侣，在性上有什么要求嘛？"我忍不住跃跃欲试地问了一句。

"性？在我的世界里没有这种东西，我期待的是柏拉图式的恋爱。"R 君的脸上明晃晃写着——"你们这些还没脱离低级欲望的俗人啊"，让我莫名感受到奇怪的自卑。

不对，R 君，你知不知道"柏拉图式恋爱"本来形容的是两个同性？如果知道的话，你这不仅是性冷淡，还有可能变身好 Gay 蜜呢！

怀着对 R 君择偶性向的无限好奇，我们开始了一段简单的交流。性冷淡的 R 君之所以来找我，就是为了解决一下"为什么我的精神伴侣总想跟我分手"的问题。

他给我举了一个例子。

"第一个女朋友，我一直以为我们是最佳的灵魂伴侣。"R 君说起来，终于有了点愁苦的表情，"她一开始也说自己不想过早地谈论性关系，我一听，太合适了呀，就她了！"

可没想到，女朋友很快就出现了各种各样"古怪"的行为。R 君试图回忆分手前发生的事，来找出分手的原因。

那天正好是入秋以来最冷的一天，R 君都忍不住套上了"男神穿了都说不"的保暖秋裤，可下楼一看，女朋友竟然穿着蕾丝吊带裹着风衣就下来了！她还一脸娇羞地问："你看我今天好看吗？"

说到这，我心想：为了创造一个美好的夜晚，这姑娘也是够拼的呀！R 君，女友都这么拼命扮性感了，还看不出人家的意思吗？于是我好心问道："那你是怎么说的？"

R 君一脸茫然，说："很正常啊，我说'好不好看不知道，挺冷的'，然后把她撵回去换衣服了。"

我："……"

于是，换了一身棉袄的女朋友又下来了，大概她还是不死心，开展了第二步计划——跟 R 君和朋友出去吃饭，然后喝醉，在酒店住一夜，然后……完美！

事实上，按照字面上的意思，R 君女友的计划的确实施了。他们在一间不错的酒店待了一夜，两个人都没有回宿舍……唯一的意外就是，这一夜女朋友是在床上躺着，R 君是在椅子上坐着的。

上半夜两人相安无事，下半夜女友突然如暴起的猛虎一般从床上"砰"地弹了起来，张口就是："你是不是男人呀！这都半天了你怎么还在那里坐着？"

"你不是喝醉了吗？"R 君一脸无辜，"我守着你还不行啊！"

"……"女友各种憋屈，最后硬邦邦抛出一句，"行了，分手吧！"

"你说，她为什么跟我分手？"说到现在，R 君好像还不明白原因，"不会真的以为我不行吧？可是我……我还真不知道自己行不行……"

"你这是什么意思？"我刚想为 R 君前女友点根蜡烛，突然发现后面的八卦更加惊人，"什么叫……不知道行不行……"

"我从来不愿意想关于性的事情，"R 君满脸真诚，仿佛散发出圣母般纯洁的光芒，"一想到就觉得很恶心，很玷污我的感情。所以，我从来没考虑过这方面的事，自然不知道啦！"

纯情的 R 君啊，我很怀疑，你知道自己在说什么吗？

怪异心理学

在别人家的故事里，男友都是"只爱我的身体不爱我的人"这样的下半身生物，而 R 君的故事里，他简直就是纯洁得没有性别的小天使。他们注重精神上的恋爱，对"性"本身十分厌恶，甚至觉得它是一种肮脏的、需要避之不及的事。总之，这群生活在下半身生物中的特殊人群，绝对是男人中的异端。

而女性之中，也一样有性冷淡患者。这种情况到底都是哪些原因导致的呢？

有时，长期的性冷淡、对性提不起精神的原因很简单——太！累！了！工作太忙，血液都上涌到大脑了，也就没心情管下半身那些问题了。如果从一开始就对"性"避之不及，很可能是长期禁欲导致的。时间一长，我们的身体就因为行为的指引，记住了"性"是非常值得厌恶的，是最不需要的事，进而产生实际上的厌恶情绪。所以，别在性冷淡的时候抱怨别人，全都是你自己给自己挖的坑啊！

有病？得治！

性冷淡不是事，找到"性趣"就会自然而然转变了。如果作为一个性冷淡者，你并不享受当前的生活，还是想走入正常的"三俗"社会中，就需要寻找原因并解决。此时，获得伴侣的支持是很重要的，最好能让他们帮助、扶持自己，没事两人多聊聊"嘿嘿嘿"的那些私房事，营造轻松的环境。

最核心的一点就是，一定要记住"性"是愉快的、两厢情愿的！千万别把"性"当做一种强迫性的劳动，更不要逼着自己去接受，如果为了改善性冷淡而强行去接受，只会产生"强扭的瓜不甜"的后果——相信我，你的身体绝对不是口是心非的小婊砸，它说"不想"，就一定是非常不想！

如果是因为一些心理阴影、不好的经历而导致的性冷淡，就得专注心理调节了。自己的努力当然重要，但专业人士更不可少，寻找心理咨询师势在必行！

异装症——我本是男儿身，却扮作女娇娥

在这个假货横行的市场上，出现"假人"似乎也是件不令人意外的事了。

别误会，我说的"假人"可不是百货商店展台边六十一个批发来的模特，而是"伪娘"与"伪汉子"们。这些行走在生活中、足可以乱真的"伪装者"们，不知道撩动了多少同性的芳心，然后又让它们碎了一地。

时间一长，大家似乎也产生了警惕心，"长得这么可爱，一定是男孩子"，啧啧，这句话背后不知道流着多少直男的眼泪呢！

可是，你要将伪娘等同于 Gay，等同于变性者，那就太无知了。别看他们扮起来比自己的女朋友还要女人，却都是坚定的异性恋！

"喜欢扮成女生是我的权利，喜欢女生也是我的权利呀！"坐在我对面的"大号萝莉"L 君，一张嘴就暴露了他的性别。

今天 L 选择的主题大概是"童颜巨乳"，一双闪闪的大眼睛，配上身上蓬松的洛丽塔洋装，萌杀了不知多少人——当然，这是在一米七五的他坐着的情况下。在男孩子中不算突出的身高，这一刻却暴露了太多信息。

有这么高大的小萝莉吗？啊？你快醒醒啊！至少扮个女王吧！

"你这个妆画得不错，嗯……胸器也不错。"我的眼睛忍不住一直盯着他的胸前，昨天那里还是平坦一片可以跑马，今天就已经是波涛汹涌了，目测至少是 D 啊！

"哦，这个是从网上买的硅胶假胸，没办法，我要扮得敬业嘛！"一边说着，L 君一边挺了挺胸。

"你确定，你女朋友接受得了？"我感到万分怀疑。哪个女生看到男友扮成这样还能 Hold 住？肯定揪着耳朵审问他在外面有没有野男人了！

别怪我 L 君，你看你坐这的一会儿，有多少男生想来搭讪了呀！

"这有什么接受不了的？"L 君却很骄傲，"我今天穿得内衣还是她

帮我买的呢，我 D-cup，她的 A-cup。"

下次见到 L 君女友，我一定要问一下这位壮士：比你男朋友胸小的感觉如何？

根据 L 君的描述，扮作"伪娘"，穿上女孩的衣服只是他的一种个人爱好。"就像你喜欢画画，他喜欢滑板一样，个人爱好而已。"L 君表示，根本不值得大惊小怪。

而他的女友显然也已经被 L 君"洗脑"了。两人没事就一起淘"姐妹装"，连假发、美瞳、化妆品都能讨论得津津有味。有时候，L 君还得临时担当自己女友的化妆师，实在是忙得不行。

"她觉得很好啊，有了一个男朋友，还多了一个好闺蜜，一份的付出，两份的享受！"L 君十分淡定，"她还主动建议，拍婚纱照也租两套女装呢！"

所以，这就是假百合，真异性恋？不过照我看来，这可不是什么好想法，因为 L 君分分钟可以抢走新娘的所有风头好嘛！

怪异心理学 👉

L 君这种情况，就是一种轻微的异装症。有异装症的患者非常矛盾，首先，他们对异性的服饰、穿戴都十分感兴趣，相较于普通人"这个好看，买给男／女朋友"的想法，他们脑内第一反应绝对是"这个好看，我要回去试试"，总之，毕生致力于跟自己的另一半抢夺穿戴首饰。

可是，他们却并非对自己的性别、性向有误会，"别看我打扮的娘，老子可是纯爷们"是他们内心的呐喊。所以，别以为异装症者都喜欢同性，更别以为他们搞不清自己的性别，事实上他们的确将异装当做了一种特殊的癖好。

有时候，穿着异性的衣服、体验异性的生活，甚至能让他们产生关于性的联想——实在是一群脑洞 Boy，难道这就是"穿上你的衣服，我就成了你"？但是，你让他们永远变性，他们绝对是反抗得最厉害的。这种矛盾的关系，是不是非常特别呢？

有病？得治！ 👉

大部分异装症患者虽然打扮地出位了点，上街回头率高了点，但是并不影响自己的正常生活。如果你的家人无法接受，或者个人有想治疗的想法时，可以选择下面几种办法：

首先，联想疗法是第一步。找一个专业人士，在自己完全放松的情况下，把对方当做"心灵垃圾桶"，自由自在地说说自己真实的想法。当你有特别想避开、不想与人说的话题时，就要注意了——"反常必有妖"！此时，可能就是引发异装症的关键部分，找到自己内心深处的"结"，将它解开才是最重要的。这个过程，需要专业人士的帮助。

其次，联想疗法都不管用了，就只好上简单粗暴的办法——厌恶疗法。人人都有条件反射，巴普洛夫的狗就是最佳例子，而这也能用在我们身上。原理很简单，不是喜欢打扮成异性吗？只要有这样的想法，就赶紧给自己一巴掌，时间长了绝对能产生条件反射的厌恶。这就是俗称的"欠揍"疗法。

当然，要求自己挨打太粗暴，我们可以在手腕上绑上一根橡皮筋，弹一下非常痛的那种。只要有想扮异性的念头，就拉动一下橡皮筋，最好再做一下记录。时间一长，自然会慢慢减轻症状。不必亲测，十分有效，你有勇气试试吗？

恋物症——是你把我老公打碎了？给我赔！

这个世界上的爱恋千奇百怪，你追得累断腿的男神可能被别人嫌弃得不行，而你从没考虑在内的对象，也可能成为别人的男神 or 女神。

不信，那我问你，你会喜欢上过山车吗？巴黎铁塔也行，或者你手中的手机？

什么，你不能欣赏它们的美？可就有人会爱上它们，还恨不得长相厮守呢！

这种想法也非常容易理解，至少在金庸老先生的书里就早有过"前辈"了，在《天龙八部》里，无崖子前辈照着老婆的妹妹雕了一个玉美人，从此就过上了跟雕塑亲亲爱爱、你侬我侬的生活，生生把老婆得罪透了，这不就是"恋物症"的前辈吗？

单说这喜欢过山车的人就不少，巧合地是还基本都是妹子，看来在物品的世界里，过山车凭借刚硬的外表、爽朗的气质和急性子成功赢得了"男"这个性别。

不久前，美国的一位大龄单身女青年 A 女士就宣布了一个炸了朋友圈的消息——老娘要跟公园的过山车结婚了！她还给过山车起了一个好听的名字，顺带将自己的姓氏也改了，完美地贯彻了"嫁过山车随过山车"的理念。

A 女士和过山车之间的感情，绝对不属于心血来潮、包办婚姻，而是由长期的磨合与相处产生的——她每年都要来坐这辆车十多次，总共和它一起"走过"了160多英里的道路，估计过山车的每个座位都被她光顾过了！

当她们结婚后，A 女士就获得了一张"丈夫"的照片，每天枕着它睡觉，别提多开心了呢！

相比之下，另一位女士就更加情深义重了，直接脱离了两地分居模式，每天晚上都来跟过山车一起过夜，保证看住自己的"老公"，不让它半夜去跟别的过山车搞外遇。

对此我感到十分担忧：还好两位女士爱上的都是"身强力壮"的对象，如果哪天有人与自己家的盘子相爱了，要是不小心被人打碎，她会不会哭倒在地，大喊"你把我老公还给我，你把他打碎了，给我赔"呢！

想想这个场景，还真忍不住后颈一凉、汗毛直竖呢！

大概是受到了类似新闻的刺激，突然，Z君也开始表示自己可能"恋物"了，而他爱上的就是手里形影不离的手机。

"我一天24小时跟它在一起，走到哪里都要带着，就算睡觉也要放在枕头底下才开心。"Z君看着自己的手机，露出满足的微笑，"有时候我觉得，只要有手机，做个没有性生活的熬夜单身狗也完全没有问题！我的生活一点都不会孤单。"

我深刻怀疑，是不是Z君不久前被女友甩掉，受到了严重的刺激，准备脱离俗世了？不然的话，为什么突然开始转了战场，开始追求自己的手机了呢？而且，我看了看Z君对手机的依赖程度，不得不承认——这个小妖精还挺有手段，已经把Z君迷得七荤八素了呢！

不过这样看，整天与手机相伴的我，是不是也有恋物的隐患了？这么一想，不远处的手机似乎也看起来不太一样了，比平时英俊了不少呢……

怪异心理学

像Z君这种情况，如此草率地断定自己是"恋物症"，完全不符合国际标准嘛！要做一个合格的"恋物症"患者，还得按照科学的要求做个"入会测试"才行呢！

标准倒也简单，只有三条。只要你的行为满足了这三条，恭喜你，你就加入了恋物症大家族。

首先，在半年之内，你一定曾爱上一种没有生命的物体——爱上自己家的猫狗宠物可不算在内哦，那顶多算是恋动物。光是精神上的恋爱还不行，你还必须多次产生对这种物体的性幻想。所以乙君，你是否想跟你家手机睡一觉呢？单纯的盖棉被睡觉觉可不算哦！如果没有，你还是老老实实当个异性恋吧！

其次，这种恋物情结一定得对你的生活产生了影响，尤其是不良影响。看来，如果你偷偷地喜欢某样东西，既不影响别人也不耽误自己，就完全不用治疗了——反正你高兴就好啦！

最后，你的恋物情结不包括你们家的按摩棒哦！如果对它产生性幻想就算恋物，估计不少单身狗都中枪了吧……

有病？得治！

很遗憾，恋物症患者如果已经成年，这种治疗就会变得难很多。就像我们的性倾向无法改变一样，"恋物"其实也是一种畸形的性倾向，很难改变。所以，医生们也只能从恋物症断定法则的第二条入手——只要保证患者的特殊喜好不影响自己和别人，就算治好了！

而青少年时期的治疗就简单多了。一般还是双管齐下，家庭治疗为主，社会治疗为辅。在家庭生活中，注意日常对青少年性知识的普及，建立良好、正确的价值观，保证他们能够科学地看待问题。同时，还需要鼓励孩子多参加集体活动。

为什么要这样做？因为人们一旦能接触群体，就会不自觉地思考自己与群体的差异，并努力融入进去。当患者在一群同龄人之间玩耍时，一可以变得开朗，二能够转移注意力，三还可以增长见识，明白"原来他们不是这样的""这件事我还可以这么看待"，逐步地融入社会，就能控制恋物的癖好了。

偷窥癖——再让我看一眼，就一眼！

是不是所有喜欢偷窥的人都可以被称作"色狼"？

是，也不是。

那些喜欢在手提袋里放摄像头，专门拍女孩子裙子底的、喜欢偷溜进女厕所偷看人家"五谷轮回"的、甚至躲在女生宿舍鬼鬼祟祟的，大概都抱着"色狼"的想法，之所以没有进行进一步的骚扰等流氓行为，大约都是因为他们"有贼心没贼胆"。

这种流氓，自然是过街老鼠，人人喊打。可还有一群人，他们也喜欢搞偷窥，但是目的却很单纯——我就是想偷窥，耍流氓！那可跟我没关系。

这样的人，大多数都是性偏好障碍者，"偷窥癖"就是他们的特殊偏好。

"我认为我老公在家就是个偷窥狂！"H小姐说完这话，就忍不住描述了一下自己老公的"特殊"之处。

第一次发现问题，是在她洗澡忘记关浴室门的时候。"我隐隐约约觉得外面有个影子，我们家狗倒是挺喜欢守在外面，可这也太巨大了呀！"H小姐感到十分不解。

她猛地凑过去一看，得，外面站着的不是自己丈夫吗？这家伙正站在门口，从敞开的门缝里看浴室的"春光"，那叫一个如痴如醉，隐约能看到嘴边晶莹的……口水？完了，再等一会地上都快积出水坑了。

H小姐吓了一跳，拉开门喊着"流氓"就扔出去一块浴巾，气哄哄地叉着腰说："你是没看过还是怎么着？"

奇怪，大家也不是没有"坦诚相见"过，怎么不见他这副表情呢？昨天还一副性冷淡的样子，今天这是……色狼附身了？

"我就看看而已，别的什么都不做！"老公拉下浴巾，第一句话竟然还是不忘自己的本职工作……

H 小姐说："我这才知道，原来他很喜欢这种偷窥的感觉。你说这是为了找刺激，还是为了找揍？"

"那得看什么情况了。"我说。

"什么意思？"

"如果只在家里偷窥过，那可能是找刺激；要是在外面也这样，绝对是找揍！"一边说着，我忍不住挥了挥手里的拳头——清除色狼，人人有责，我不介意亲自上手，免费调教老公的哟！

"你想哪里去啦！他没有在外面做过这种事，我敢保证！"H 小姐信誓旦旦地说，然后又莫名遗憾起来，"虽然喜欢偷窥，可是他的行为还跟色狼不一样，完全不喜欢耍流氓啊！"

"……这什么意思，我怎么觉得你的语气十分遗憾？"

嗯，绝对没听错，她刚才分明特！别！遗！憾！

原来，还是那天发生的事。H 小姐搞清楚老公的"怪癖"后，倒也没生气，反而灵机一动，计上心来……

"如果能利用好了，也不失为一种情趣嘛，美人出浴，多香艳的场景呀，一定是个美好的夜晚。"说着，她就荡漾起来。

"打住，首先，美人在哪儿？其次，你这不叫情趣，你这是泰迪附身啊亲！"我忍不住吐槽了一番。

不过，看在 H 小姐计谋又没成功的份上，我突然感觉应该同情她一下。因为事实的发展完全不如她想象的那样……

"谁能想到他就是喜欢偷窥的感觉啊！害得我硬是被按在浴室里活脱脱洗了一个小时的澡！"H 小姐"啪啪"拍打着自己的胳膊，"都快把我洗成小红人了！"

结果，洗完澡出来，让 H 小姐忍不住羞涩的"耍流氓"场景并没有出现，对方心满意足地站起身，长舒一口气……躺在床上睡着了。

"嘿，睡眠质量还特别好，打了一晚上呼噜，害得我第二天挂着两个黑眼圈，配上一身红皮，那就是个小浣熊啊！"H小姐的怨念，就此挥之不去了。

这个世界上，真的有人像H小姐的丈夫一样，也有着如此纯洁的"偷窥癖"吗？

怪异心理学 👉

这种不同于"耍流氓"的偷窥习惯，就是性偏好障碍在作祟。每个人都有自己不同的性偏好，有的人喜欢皮肤白的，有的人喜欢长得胖的，这也导致人们的择偶观念大不相同。那什么才是"性偏好障碍"呢？很简单，就是这种性偏好不仅没有促进患者的"和谐"生活，反而导致患者"升华"了，减少了性行为。

简而言之，性偏好就像零食，性行为则是正菜。零食搭配的好，不耽误吃正菜，而且味道更佳，可是总有些人不节制，干脆零食吃到饱，正菜一口不动了。这样时间一长，自然会营养不良啦！

表现出来，大概就是H小姐和丈夫这种情况——生活很不和谐！

所以，性偏好障碍下的偷窥癖是等同于色狼的，因为他们就是直奔"偷窥"来的，压根不需要往肉体关系上想。仅仅是偷窥，就足够满足他们在"性"上的需要了，还需要什么正菜呢？

有病？得治！ 👉

偷窥癖患者之所以会出现性偏好障碍，还是因为他们在性心理上依旧属于"小孩子"，在追求异性的过程中还带着十足的幼稚。就像幼稚的男孩总爱刻意惹恼喜欢的对象，患者也从内心排斥正常的求爱方式，偏偏喜欢这些常人看起来十分"猥琐""古怪"的办法。

怎么改变这一点呢？就像人们常说的"孩子不吃饭，多半是零食吃多了，打一顿就好了"，对偷窥癖患者，虽然不能打一顿了事，但一样可以施加适当的"惩罚"。

　　在心理学上，除了心理疏导之外，还可配以厌恶疗法。方法依旧是一贯的简单粗暴，先给患者注射催吐剂，然后再给他看偷窥癖患者最喜欢的各种照片，看得正开心时，催吐剂就发挥功效了。这一次次的恶心呕吐，保管他记住"只要偷窥就一定会恶心难受"，从此自然就厌恶偷窥了。

第五章
古怪性格交往症候群

都说人类是社会动物，与人交往是我们的天性。只是，总有人的天性似乎过于特立独行了。那些在社交中被看做"怪咖"的家伙，大脑回路到底跟别人有什么不一样呢？下面这些稀奇古怪的交往症候，说不定就是阻碍我们在人群中混得如鱼得水的罪魁祸首。

社交恐惧症——别跟我说话，我要去躲一躲

人类是毋庸置疑的社会动物，没有交流和交往，我们就无法成为一个正常的人。

如果有一天，你开始无法和人交流了，会不会因此感到恐惧呢？

"我不要变成荒岛上的鲁滨逊，连说话都不会！""会不会看到人就害怕，好像他们都是另一个物种？""我还能够在这个社会上正常生存吗？"……失去了交流，我们好像就不再是一个正常的"人类"了。

可是，这世界上的确有一类人，让他们与陌生人交流，他们可能宁愿选择变成鲁滨逊；如果可以不说话，他们大概乐于将手语推广为第一通用语；要说他们最感激的发明，一定是手机——这样就不用面对面聊天了！这群人，就是"社交恐惧症"患者。

"还记得以前看的美剧吗？有社交恐惧症的女主角第一次约会，直接从厕所翻墙逃跑回家了！"G君莫名其妙地叹了口气，"我想，我就快有社交恐惧症了。"

我们一脸"你在逗我"的表情，要说旁边的F君有社交恐惧，我们还比较认可——毕竟，与我同学四年也只说过三句话的人，就只有F君了。而G君，一向是圈子里面公认的"话唠"，朋友更是五湖四海密集分布。

"真的，我没有骗你们。就在我的公司，我已经快受够了。"G君就慢慢说起了不久前的倒霉事。

上个月，G君部门空降来一位冷面上司，看谁都一副不顺眼的样子，尤其讨厌G君。私底下，G君这样吐槽："是嫉妒我年轻长得帅，或者我长得像撬了他女友的人生赢家？他怎么就盯上我了呢！"

总之，G君不管做什么事，迎来的都是上司十二分挑剔的眼光。好在

他也坚持"雨露均沾"的道理，除了在 G 君这里重点浇灌外，也把严厉的态度播撒到其他幼苗身上。这不，一个星期不到，部门就气哭了一串女同事，还有三个忍不住申请调走了。

恰好 G 君倒霉，在给全公司领导人的报告上出了一点错误，这可让上司抓住了把柄，当着所有人骂了他个狗血淋头。这下好了，生命不息、嘚瑟不止的 G 君也蔫了，连着好几天都觉得十分没面子。

"我走在公司里，觉得人人都认识我了！"G 君十分抬不起头，"我就是那个被骂了的傻 X 倒霉蛋！我敢保证，这个标签一定已经贴在我身上揭不下来了。"

这让一向跟二哈一样没心没肺的 G 君终于产生了迟来的恐惧——被冷面上司统治的恐惧。时间一长，他发现情况有些不受控制了。

"我知道，他不过是我的上司而已，又不是封建皇帝，可身体完全跟不上理智啊！"

"什么意思？"

"我只要一见到上司，说话就不利索了，声音都带着颤音，谁看都像个吓破胆的仓鼠，还是最胆小的老公公！"G 君表示十分无语，"而且，我还开始惧怕在众人面前发言，上次给大家作报告，我差点紧张到犯了哮喘，没厥倒在台子上。"

还好，G 君还没有丢失脑子，急中生智用"低血糖"掩盖了一下。否则，他因为作报告吓晕的事迹就又要在公司流传了！

"现在，看到有人跟我说话我心里都'咯噔'一下，恨不得变身哪吒踩着风火轮就躲出去。"提起这，G 君感到十分哀怨，绝对是无妄之灾，无妄之灾！

这种临时出现的社交恐惧症，该怎么克服才好呢？让我们先来了解一下它的真实面目吧！

怪异心理学

社交恐惧症并不是天生带来的，多数人在30岁之前都有可能因为各种原因而患上社交恐惧。所以，还没迈入中年的你如果没有社交恐惧，也千万别掉以轻心哦，万一小心脏太脆弱，就随时可能开始恐惧交往。

像G君这样，就是典型的小圈子中的社交恐惧。他在其他圈子里依旧保持着自己"二货哈士奇"的本质，但一进入公司就化身"吓破胆的仓鼠"，事实上就是已经留下了阴影，在公司环境中出现社交焦虑了。

一旦出现恐惧和焦虑，患者就会惧怕一切跟"他人"相关的活动，不愿意公开发言、不愿意跟上司长辈交流，甚至看到有人盯着自己，都会不自觉地如坐针毡。这些让他产生不适感的社交活动，会直接带来生理反应——出虚汗、脸发红，紧张到抽筋、焦虑到头晕，总之怎么不舒服怎么来，变成林黛玉不是梦。

严重点，可能直接给自己构筑一个"玻璃罩"，把所有的人都排除在罩子外面。这样一来，就更加影响个人生活了。

有病？得治！

社交恐惧的治疗办法中，最常见的就是脱敏疗法，也就是我们说的——怕什么就做什么。当然，如果是一个严重到跟人说话都要晕倒的社交恐惧症患者，把他直接扔进广场上来一场演讲，这是十分不科学的，这不叫治疗，而是妥妥的虐待。

系统的脱敏疗法讲究循序渐进，用"温水煮青蛙"的办法处理。患者需要诚实地将自己恐惧的事物按照严重程度排排序，先从最不害怕的场景开始，营造这样一个环境，强迫自己待在其中。适应了第一个环境，就可以向下一个任务进发了，直到排除最艰难的问题。

说不定在这个锻炼过程中，你还可以比普通人更上一层楼，变身演讲家、成为社交达人或者舞台中心呢！

孤僻症——他的世界，只有一个人

"我总是一个人，在练习一个人"，每当林宥嘉的歌声响起时，我的脑海中总是浮现出一个大大的问号——

总是一个人？你确定不需要去医院瞧瞧吗，我帮你拨打 120 吧！

为什么？当然是因为你成为疑似"孤僻症"患者了呀！

这些患者们整天生活在自己的世界里，靠着一个大大的脑洞就可以愉快度日，完全不屑于跟周围的凡人们交流，迫不及待想过上离群索居的生活。总之，看到人就一个字——烦！

你说这到底是什么心态？

关于"孤僻症"，迷上"高岭之花"男神的 Y 小姐有话说："我觉得我男神就是孤僻症！总结起来就一个词——高冷。"

在 Y 小姐的描述中，男神就是行走的"冷漠 .jpg"表情包，在人群中保准 24 小时毫无感情波动，时刻游离在热闹之外，那叫一个高冷。

"我第一次见到他，就被这种气质吸引了。"Y 小姐眯着眼睛，夸张地描述着，"甭管边上多少牛鬼蛇神在鬼哭狼嚎，我男神都巍然不动，表情淡定地翘着二郎腿，低着头专心地……玩手机。"

要我看来，这又是一个被误会了的网瘾少年。于是我问道："也许是你没跟他交流过，误会了呢？"

"谁说的，我当时就凑过去跟他搭讪了！"Y 小姐反驳道，"整个晚上我都在跟他说话呢！"

"那他说了什么？"

"他呀，专门跟我说了三句话！"Y 小姐想起来，还忍不住跟我们炫耀，"一句'嗯'，一句'好'，一句'再见'！男神跟我说话了！"

"喂，你确定这不是把你当成洪水猛兽、避之不及的态度吗？"我真想伸手摸摸 Y 小姐的脑袋——不是烧傻了吧？

"不不不，你可不知道，在这种聚会上，男神加起来说的话也不超过五句！" Y 小姐十分肯定，"我就独占了一大半，这是不是意味着我在男神心里也很重要呢……"

大概意味着你真的很烦吧！我默默地在心里吐槽道。

果然，没过多久，Y 小姐就在跟男神的表白中铩羽而归了。"我表白了，但是被拒绝了！" Y 小姐十分郁闷。

"男神跟你说了什么？"

"他说……请离我远一点好吗，我只想静静。" Y 小姐气鼓鼓地说，"真想揪着他的领子问问，静静是谁啊？有我漂亮吗？"

静静，大概是孤僻者们最喜欢的女神了吧，跟她比起来，你确实败了。

在 Y 小姐的描述中，我们总算明白了男神的心理。事实上，他还真不是"故作高冷"，而是的确提不起兴趣参加集体活动。而 Y 小姐几次主动跟男神搭讪，在男神这大概只能收获一个评价——

"这个女生是谁啊？为什么要来打扰我，我的脑内剧场都演不下去了，真的好烦啊……"

"他们都说，男神是个特别古怪的人，虽然我不这么觉得。" Y 小姐摊了摊手，"不过确实，他大多数时间都沉浸在自己的小空间里，好像给周围来了个'隐形魔法'似的，完全不在乎他人在做什么。你说，这家伙脑子里整天在想什么？"

就算是安排"甄嬛传"这样的大戏，估计也能演到两千多集了吧！总之，男神宁愿整天"自导自演"，也不愿意跟周围这群愚蠢的人类同类合污，更不在乎有没有所谓的"女朋友"了。

对他来说，有个女友就相当于多了个环绕立体声噪声音响，大概才是最痛苦的折磨吧！

"看来，你男神真的是个无欲无求的孤僻症。"对此，我只能向 Y 小姐表示遗憾了。

孤僻症患者们的表现相当明显，在热闹的人群中寻找一个隐藏的孤僻症？很简单，最角落里表情最冷漠、眼神最犀利、态度最敷衍的那一个，十有八九就是你要找的对象。

他们每天活在"一个人"的世界里，宁愿跟自己对话，也不愿和别人交流。对待外人，孤僻症患者往往是紧张又警惕的，简直就像逃犯面对"送快递""查水表"的人，既害怕又不屑，最后只能用一种态度来总结——"你们这群愚蠢的凡人，根本无法交流！"

而严重一些，他们甚至会在交流时表现出明显的"古怪"之处，说话语气不对、夹杂着奇怪的肢体语言、明显带着厌恶感等，甚至一进入人多的地方就"如坐针毡"，都是孤僻症的表现。

孤僻者们倒也不是天生一副"高冷"样子，家庭气氛过于严厉、在朋友之间受到欺凌，都可能让他们产生"与人交往就是找麻烦"的印象，从此变得畏缩、冷漠，最终将自己封闭起来。

想要改善别人"高岭之花"的印象、走出孤僻症？首先，你得说服自己——孤僻是不好的。只有自己有从"玻璃罩"里走出来的想法，才是迈出了第一步。

如果你在自己的小世界里自得其乐，别人恐怕很难将你生拉硬拽出来吧！

然后，我们就得把自己和周围的人做个评价，评价的标准只有一个——公正。有些人"孤僻"来源于自负，将周围人看做"凡人"，只有自己是"仙子"，所以不愿与人交流；有些人的"孤僻"来源于自卑，害怕暴露自己不如人，就决定选择"沉默是金"的应对办法，少交流，少出错，而这些都不是对自己的公正评判。

当你将自己和别人放在同一个平台上时，才能开始良好的交流。

除此之外，贸然上阵"交朋友"也不合适，长期的离群索居，你需要"交友指导"。不管是《与人交往的××× 条经典法则》这样的书籍，还是一个交际达人般的好友，都能帮助你尽快融入大环境中。改变以往的习惯，相信你很快会爱上身处集体的感觉。

猜疑病——真的吗？确定吗？没骗我？……

和一个多疑的人交往，就像跟福尔摩斯与莎士比亚的结合体相处一样。

他们拥有福尔摩斯的"真实之眼"，任何蛛丝马迹都逃不过他们的眼睛。不过很可惜，上帝没给他们配上福尔摩斯的推理能力，反而将莎士比亚般的想象力赐予了他们。这样一结合，多疑者们就获得了"从任何一个细节都能联想出35集狗血连续剧"的技能。

重要的是，这个连续剧一定是悲剧。

千万别小看这个"杀人于无形"的技能，它绝对能够将你攻击得体无完肤。如果多疑的人是你的伴侣，你的任何一个行为都会成为他眼中的"出轨"信号，区别只在于出轨时间早晚和程度深浅；如果多疑的人是你的朋友，你就时刻都可能成为他眼中的"背叛者"，在你不知道的地方，他可能下决心跟你"友尽"了一万次呢！

怪不得，多疑者总是"注孤生"啊！

"我觉得我就总是猜疑别人，可我不想'注孤生'啊！"J君恨不得痛哭流涕，握着朋友的手哭诉着，"我真的想控制自己的想法，但是完全克制不住，总是十分悲观。"

"放心吧，不会的，你还有我们呀！"朋友好心安慰道。

"真的吗？你确定吗？不是为了故意安慰我才这么说的吧？"好吧，刚表达了自己对"猜疑"的厌恶，J君就控制不住地怀疑起来。

"你又怀疑我？那我们别聊了，反正我是个骗子……"

"别别，我相信你，相信你还不行吗！"J君十分着急，但是忍了忍，还是小声嘟囔了一句，"你……真的没骗我呀？"

看到朋友那表情，如果不是因为打人犯法还会手疼，J君大概已经躺上120走在去医院的路上了。之所以还没抛弃J君，不过是因为他也知道——

这的确是 J 君的常态。

在很久很久以前，久到 J 君还有一个女朋友时，他就已经开始显露出"猜疑病"的本质了。女友背着他打个电话，J 君要嘀咕半天；女友加班晚回家半小时，J 君简直如坐针毡；要是在女友的微信圈里刷到陌生男性的照片，J 君更是一副"热锅上蚂蚁"的模样。

"问？不问？问？不问？"一边说着，J 君手里还一边揪着花瓣，"最后一瓣——问！那我就问问吧……"

"你问我那人是谁？"女友听到 J 君的问话，表情十分古怪，忍了又忍还是爆发了，"你个傻子！我说了无数次了那个是我表哥！难道你不仅小心眼，还脸盲吗？"

嗯，这很 J 君。

经此一役，J 君在恋爱上再也没有猜疑了——连女友都没有了的人，还有什么可怀疑的呢？

多疑的 J 君将自己的女友烦走了，还要去烦公司的同事们。

"今天来晚了半小时，保安看我的眼神怎么那么不对劲？隔壁的小李还盯了我 10 秒钟，平时他都不超过 7 秒的！"J 君嘟囔着，"不行，绝对是发生了什么事，难道同事趁我不在说我坏话了？"

不管是多看他一眼，还是不小心碰了他一下，就算跟 J 君在同一空间中窃窃私语，J 君强大的想象力都能脑补出曲折的剧情，并总结成一句话——

肯定是对我有意见！

J 君，你到底是有多悲观啊！为什么人家一定要对你有意见呢，难道不能是有意思？

"我这么多疑的人，谁会对我有意思呀，这一点我毫不怀疑。"好吧，J 君在这方面倒是很有自知之明。

时间久了，我毫不怀疑，如果 J 君的猜疑症再继续下去，他保准觉得广播里的新闻、报纸上的轶事都是含沙射影，目的就是攻击他。把自己看得太重也是病啊，J君，你可得好好治治了。

怪异心理学

千万别觉得"多疑＝谨慎"，过度的猜疑不仅是"猜疑症"的表现，还可能发展为妄想症，甚至可能导致精神分裂——注意，这可不是玩笑。

还好，在猜疑症的前期，表现就十分明显，我们完全能发现端倪。最近你有没有突然发现自己"第六感"变强，特别注意蛛丝马迹？你是不是总控制不住飞翔的思绪、专门往悲观的方面想？在你的思维里，是不是身边的人都对你不怀好意？

如果这些都满足，你可能就已经开始过度猜疑了。一旦严重起来，患者会觉得时时有人在暗中讨论自己，而且态度相当不好。平时，不管别人是咳嗽一声还是看着自己的方向发呆，都会被患者当做对自己有意见。虽然我们都知道，这种整天把自己当做主角、觉得自己置身世界焦点的想法绝对是错误的，才没有人每天关注你呢，但猜疑症患者却不会这样想。

他们将全世界的恶意都放在自己身上，有事没事就怀疑一下别人，悲观的想法时刻萦绕身边。这样的病，还是早发现早治疗比较好啊！

有病？得治！

猜疑症的产生，首先跟悲观的心理有关。如果你只是多疑，为什么不怀疑那个盯着你看的人是暗恋你、隔壁咳嗽不停的家伙是想吸引你的注意呢？总是认为别人针对自己，事实上就是思维太过悲观。下次再产生怀疑时，多往积极的方向想，至少效果会不同。

然后，千万别以多疑为荣，把自己等同于福尔摩斯就不好了，你这顶多算是妄想前兆。过多的猜疑对自己、对别人都是一件坏事，认识到这一点最为重要。眼光放长远一些嘛，你就会发现自己斤斤计较的小事不过是生命中无关痛痒的边角而已。

采取暗示疗法也可以拯救你的多疑。担心别人又凑在一起说自己坏话？觉得那个家伙有事瞒着你？不要紧，一遇到这种情况，赶紧掏出写好的纸条，照着上面念——

"我们是好朋友""他从来不欺骗我""猜疑别人是非常不好的"……

通过反复多次的重复，就能起到"精神胜利法"的效果，心理上开始厌恶猜疑他人。时间久了，我们就自然而然改变了想法。

这就是俗称的——"洗脑"。只要效果好，健康有益的洗脑也是非常必要的！

嫉妒狂——既生瑜何生亮，既生我，何生你们?

写了《三国演义》的罗贯中先生大概对周瑜有些不小的偏见，硬生生将一个能臣智将写成了没事爱嫉妒同行的小心眼。

"既生瑜，何生亮"，这句《三国演义》中的著名台词，让我们深切认识到了"嫉妒症"患者的先祖——周瑜同志。当然，我们所说的是书中的角色，现实中的周公瑾，应该不是一个能因嫉妒而气死的家伙。

不然，他不知道死了多少回了。

而在现实生活中，也有太多的人抱着"嫉妒狂"的心思，随时游走在要被气死的边缘。如果嫉妒的对象太过优秀，说不定他们真能气得晕过去呢!

"我真不是嫉妒，就是觉得不公平!"K女士一边信誓旦旦地宣告自己十分大度，一边还要踩一脚别人，"凭什么好事就让他们摊上了呀? 我不服!"

原来，K女士最近对职场上的"不公事件"感到很有意见。上个月，公司高层出现了职位空缺，不少人都盯住了这个目标。

K女士也不例外，对此她感到很有信心："细数起来，这个职位除了我还能属于谁?"

"你这么确定? 现在有三个人比较有竞争力呢，除了你，还有隔壁组的小陈、楼上的刘姐。"同事小声说。

小陈是名牌大学毕业，刚入公司就漂漂亮亮办了几件大事——虽然这在K女士口中都是"走了大运""说不定上头有人"，但是别人可看得很清楚，这个小陈前途远大啊!

刘姐就更不必说了，经验丰富、资历很深，一向深受老板器重。这一点，就是K女士也常常夸赞，直拿她当榜样。

"哎呦，隔壁的小陈你还不清楚？你看看他最近的状态！"K女士一脸嫌弃的样子，"听说又跟女朋友分手了？整天哭丧着脸，一点精神都没有，这么脆弱怎么能担当大任？"

哟，前两天还安慰小陈、夸他"有情有义"的那个，好像……也是你吧？

"那……刘姐总没问题吧？"同事想了想，肯定地点了点头，"刘姐都离婚好几年了，完全没有感情负担，工作上又拼，你不也拿她当榜样？"

"那……那是以前了。"K女士差点不知该怎么说，赶紧补救道，"最近我仔细一想，老板凭什么那么看重她？我看她肯定跟老板不清不楚的，可老板还没离婚呢！"

看看K女士这副期待着小三正宫大戏的样子，真不敢想象她之前还羡慕刘姐和老板关系好、受倚重呢！

总之，只要是别人比她强，一定是有"不可告人"原因的，别人比她差……就是理所应当的喽？可惜，最后选中的人还是刘姐，而小陈则被选中了外派学习的名单。

"我哪点比他们差了？我这心里实在是难受，太不公平了！"K女士愤愤地说，"我要离开这个不公平的公司，去寻找我的天地！"

那什么才叫公平呢？在K女士的眼中，大概只有同事们都比不上她、好事都得有她的分，才能叫做公平吧！

"你说自己不是嫉妒，都没人相信。看看你的眼睛，都快变成兔子了！"

"这是什么意思？"

"眼红呗！"

还在嫉妒别人的你，快照照镜子，是不是也变成兔子精了呢？

怪异心理学

嫉妒症的患者，总是不自觉地诋毁他人，对比自己优秀的、和自己有竞争关系的人，永远持一种"就算你比我厉害，我也绝对不承认"的坚定态度，而对待他人的好心劝阻，则是"我不听我不听"的态度，总之，沉浸在自己比别人强、他们都是垃圾的幻想中不能自拔。

患者总能从任何一个方面找到蛛丝马迹以攻击他人，心胸不宽广，常常为自己认为的"不公"而感到气愤——事实上，这些"不公"不过是他们主观的判断，而这种生气的频率完全能让他们被"气死"。

为什么他们会嫉妒呢？很多时候，嫉妒他人的人本身也非常优秀。正因为他们自己追求完美、不肯服输，在"不如人"的时候，就很难接受事实。有些人还有着刺猬似的性格，永远将别人放在"敌人"的角度上，觉得他人对自己不友好。如此一来，他们也无法友好地看待别人的优点了，整天横挑鼻子竖挑眼，这不就是"嫉妒"的前兆吗？

有病？得治！

有嫉妒症的患者，首先得学会转移自己的注意力。别总是盯着别人的优点犯红眼病，先多关注关注自己才是要紧事。平时多将注意力放在自己身上，不要时刻关注他人的动向，能让你的生活清净很多。

同时，还可以学习"田忌赛马"的精髓，多看看自己的长处，关注一下别人的短处，有助于平衡你的心态。虽然这种想法也有些"耍流氓"，但是能给我们一种错觉——"其实他也没那么优秀，没那么有攻击力"。而当紧张感消退后，嫉妒也会减少很多。

比如，面对街上事事不如你的乞丐，你会嫉妒吗？当然不会，你反而会产生同情与好感。而嫉妒，只有在你感到被威胁的时候才会产生。

最后，化嫉妒为动力，让你的嫉妒心催促着自己前进，而不是贬低别人。

承认他们比你强，并努力超越，这才是"嫉妒症"的正确打开方式。

有时间嫉妒，只说明一个事实——你太闲了。只要你忙碌起来，相信就完全不会再受嫉妒症困扰了，因为你连嫉妒的精力都没有。

总裁病——这包辣条，被我承包了

投胎这件事，实在需要看水平、看运气。不是每个人都能成为承包鱼塘的霸道总裁，可有些人虽然不是总裁，这霸道却培养得十足到位。

这叫什么来着？没有总裁命，却犯上了总裁的病，活脱脱就是"霸道屌丝"代言人呀！

这些自带"王八之气"，哦不，是"王霸之气"的患者，举手投足都带着十足的风范，就算逛个小超市，也得带上"这包辣条，被我承包了"的派头。总而言之，架子端得足！

可私底下，"总裁病"患者们又是什么表现呢？

朋友圈里，N小姐的前男友就是个"总裁病"患者。虽然家中没有分分钟百万的生意，也不是日理万机的CEO，估计连真正的总裁都没见过——偶像剧里的除外，但他这"总裁病"可真是不轻。

什么是总裁病？当然不是指他随身带着让迷妹高喊"霸道男神爱上我"的魅力，而是指他拥有偶像剧总裁的一切恶习。

首先，前男友同学自私霸道，内心将"我说东别人绝对不能说西"这个理念奉为圭臬，对待自己的女友也是如此冷酷无情无理取闹。

"简单点说，就算去看电影，我们也能就'买爆米花'这个话题争吵起来。"N小姐表示，前男友简直是外星人的脑回路。

由N小姐提出买爆米花，前男友会表示："吃爆米花多不健康啊，含糖量太高了，是垃圾食品。"

N小姐想想，也觉得很对，可没过多久，转眼一看——这哥们自己买了一桶吃上了。

"刚才不是还教育我吗？你怎么自己下手了？"N小姐气不打一起出来。

"我想吃了呀，想吃就买呗，反正吃一次也不会死。"这会，前男友倒是找到了理由。

总之，我想吃就能吃，我不想吃你也别想。不管遇到什么问题，前男友都保持着这样的思考方式——听我的就对了，更是从来不询问 N 小姐的看法。

这位男同志，如果你在买礼物上也保持着这个态度——不问女友，看着好就买买买，我敢保证你现在还没冠上"前男友"的第一个字。想学霸道总裁，你也得学人家好的方面呀！

其次，前男友总是十分自负，谁也看不上。"整天鼻孔朝天，也不担心自己哪天被绊倒！"N 小姐对自己也恨铁不成钢，"我是眼瞎了才看上他吗？"

"说不定还真是……被总裁的光芒晃瞎了！"

虽然前男友这位"总裁病"患者到现在也没打拼出"总裁命"，但是已经具有了总裁的眼光——在挑剔别人方面。

"单位新来的小刘啊，做事效率太慢了，又让老板训了一顿，这一届毕业生不行呀！"

听到这话时，N 小姐十分想问："小刘能做的工作，你行吗？"听到这话，至今还在后勤部门打转的前男友，一定会哑口无言。

"楼上的小马不就是仗着自己叔叔是经理才进了公司吗？看看他整天沉迷游戏的样，要是我有他的环境绝对不会混成这样。"前男友又开始指点江山了。

不过，如果他把桌面上的 lol 页面关掉，我们可能更容易相信他一些。

最后，前男友还继承了总裁的暴躁脾气。只要一不顺心？那就要用雷霆万钧之势、撸胳膊挽袖子的冲锋上阵，开启训导主任模式。可惜，你面前的可不是自家公司的下属呀！

"老娘不伺候了！"最后，获得了这样的答复，霸道总裁就成功变为"过去式"了。

"你说，他是不是应该去医院看看脑子？"N小姐非常疑惑这个问题。

怪异心理学

泛滥的偶像剧里，各种各样的霸道总裁忙着收割小姑娘的芳心，听听那一阵阵"总裁爱上我"的宣言你就能体会了。可是，他们爱上的是总裁的人还是钱呢？如果有人得了"总裁病"，会不会一样魅力十足、招人喜爱？

事实证明，总裁男主如果失去了挥挥手送一栋房子赔礼、一霸道就买下池塘的实力，魅力基本等于0。"总裁病"患者就是如此，他们自信到自负的程度，乐于跟马云比颜值、跟雷军比英语，然后自觉得意洋洋；他们霸道无礼，希望别人永远听自己的话，指哪打哪、永不脱靶；他们脾气暴躁，生气的气势就像顶头上司在给你训话，可永远只敢冲着亲人表演……

这样的总裁病，实在要不得。

有病？得治！

"总裁病"患者们首先要注意的，就是提高修养。修养提升上去了，至少能从根本上将"霸道屌丝"的气质提升。咱们金钱上不能跟总裁相比，素质上总要看齐吧？增长见识、学习做人，可以让你真正明白"总裁"是什么样的，而不是只会"病"着。

同时，虚心地融入群体，多与周围人沟通，可以很好地教会你如何做一个"正常人"，怎样才能跟人们交往交流。能够进行良好交流了，总裁病就好了一半。

最后，学会修身养性，多听音乐、学书法，做让自己心灵安静的事，可以帮助你改变暴躁易怒的脾气。如果还是想冲别人发火怎么办？每次生气时，就告诫自己"少开口、多呼吸"，做一分钟的深呼吸，你的心情就会好很多。理智回笼、总裁退散，人就清醒了。

炫耀症——让你知道我过得比你好，我就安心了

朋友圈是个神奇的东西，虽然每个人的朋友圈都不一样，但只要一打开，画风基本都差不多——

先是刷屏代购的亲们，从美日韩代到新马泰，只有你想不到没有他们买不到，生生让你的朋友圈看起来像淘宝；

然后是自拍党，每次发一张图是普通水平，一次来个九宫格是升级水平，九宫格不说，每张图还是拼接而成的超长大图，这就是终极水平了；

鸡汤哥们也是不可少的，"每天偷懒一小时，一年你就浪费了二十四分之一""今天流的口水都是明天长的肉"……一开始看着还挺励志，如今基本都成为废话了。

而最令人想屏蔽的，大概就是"炫耀党"了，炫耀孩子的还情有可原，第一次嘛，兴奋；炫耀美食的也能够理解，午夜发个图，馋死一帮夜猫子；可炫耀奢侈品的……怎么，觉得我们买不起？

我们……还真买不起……

朋友圈的 O 小姐就是个炫耀党，平生最喜欢的就是炫耀她的各种奢侈品。O 小姐的炫耀行为，简直明晃晃透露着一个信息："让你们知道我比你过得好，我就放心了。"

周末，发一张口红图片，数量得有十几支："刚才去专柜，把最近种草的口红都买了。看看也不算多，跟上个月没法比，女人啊，就得对自己狠一点！"

看完这条，再数数自己口袋里的超市润唇膏，人比人气死人呀！

国庆节也得秀一把："看我新做的指甲好看吗？"

我们也想看看你的指甲呀，不过，它们都在哪呢？好像全在你的名牌包后面挡着吧！得了，肯定是 O 小姐又想给大家看看她新买的包了。

情人节，那更得找机会炫耀了："坐在宝马车里笑，坐在自行车后面哭，我才不是这种势利女生。就算咱家的小破车，我一样可以很开心！"

行了，我们都看到车标了，你坐着奔驰呢，跟宝马有区别吗？

时间久了，我们都开始怀疑人生——O小姐，我们是抢过你的男友还是不小心欺骗了你的感情啊，至于用对付前女友的狠心来炫耀吗？就算你过得好，也跟我们没关系呀！

要是在生活中看到O小姐，你更得佩服她的炫耀毅力，简直太强大了。为了秀一秀自己刚买的表，大冬天穿着七分袖出街；为了让别人看看自己的车，去隔壁小区也得开着——光堵车就耗费了半小时。

总是，O小姐极力让大家看到自己"有钱"，全身上下各种名牌堆砌。

"你要是见到O小姐，先戴上个墨镜保护一下眼睛，不然得晃瞎了。"朋友这样说。不过，墨镜人家O小姐早就戴上了，说不定还觉得你学她呢！

对了，她还是在晚上出门专门带的呢，生怕别人不知道自己又出了一回血。

可是，如果O小姐财力雄厚，每天如此炫耀也就罢了，她偏偏也不是如此。三十几岁忙着恋爱的未婚女青年，平时工资只是中上，却在奢侈品上投资如此大的手笔，我们不得不怀疑——

你在家里天天吃清水煮白菜吧？

据可靠消息，O小姐在私下的确对自己相当"节俭"。为了炫耀而苛待自己，这样的生活你真的喜欢吗？

怪异心理学

在心理学上，"炫耀症"的出发点很简单——为了让自己自信。也就是说，喜欢炫耀的人往往都不够自信，自己给自己鼓劲"你很棒"并不能满足他们的要求，必须得从别人那里获得肯定和美慕，才能让他们挺起腰杆来。

换句话说，这群人太在乎他人的看法，为了让别人对自己"另眼相看"，就养成了炫耀的习惯，生怕自己不能让人羡慕。

这一招倒是的确获得了"另眼相看"，但你确定是你想的那种"另眼"吗？

炫耀症患者喜欢在各种公开场合进行炫耀，不管是现实中还是网络上。他的行为和纯粹的"分享"不同，带着明显的居高临下。想跟你分享的朋友，态度是平和的，而想要跟你炫耀的朋友，他们的种种行为都透露着一个意思——

看到我要秀的xxx了吗？什么，太小了看不见？我都放大又聚焦了还看不到？哦，看到了呀，你羡慕了吧！绝对是羡慕了，不用解释我都知道了！

于是，哪怕你从没表达过态度，他们也能够从中得到满足，并建立起自信。这样，下一次的炫耀就来得更快了。

有病？得治！

治疗炫耀症，你得先让对方明白自己"有病"，这可是个难事。要是将自己不赞同的态度告诉他们，多半会获得这样的回应："看不惯我？那一定是嫉妒我！嫉妒我的生活比他们好。"然后，他们会为了获得更多的嫉妒，变本加厉地开始炫耀。

这个逻辑……还真没毛病，不是吗？所以，打破"炫耀症"的死循环，实在是不容易。只有先了解，过度炫耀是不对的，才能够学会克制和治疗。

事实上，只要炫耀症患者们知道了这种行为多么令人排斥，他们往往就会十分注意。这也是因为自信心不足，所以更怕受到别人的抨击和流言。可这种方式，也只是治标不治本，一旦有了炫耀的土壤，他们还会继续下去。

真要想从根本上解决"炫耀"难题，建立自信心是最重要的。提升自己的内在修养，做到"腹有诗书气自华"，就会产生自然而然的自信。就像有人说的，一个真正有气质的高贵之人，绝对不会炫耀自己生活中的一切。他不会炫耀自己的知识多么丰富、眼界多么开阔，也不会炫耀财力多么雄厚、地位多么崇高，因为没有必要。他们内心充满自信，对自己十分肯定，就不在乎别人的看法了。

希望你也能如此。

教师癌——来来来，让我教教你该怎么做

在这个世界上，教师堪称是最崇高的职业之一。

小的时候，"老师"的形象是特别崇高的，连他们的身影都在我们的崇拜下显得格外高大。因为我们是无知的，而老师什么都知道，这让我们天然产生一种信赖、羡慕和尊重。

长大一点，我们会发现信仰的世界"崩塌"了——原来老师也是普通人，也有答不上来的问题！我的天，这简直就是毁童年！

可能许多青春期爱跟老师顶嘴的学生，就有不少是因为信仰崩塌所以变成了老师的"黑粉"吧！

作为一个老师，这时候就要委屈了："我们也不是十万个为什么呀！就算是十万个为什么，也总有读完的一天不是？"

而再大一些，有些人就产生了另一种想法："我为什么不能当别人的老师呢？"于是，好为人师者就出现了，他们因为自觉有了"老师"的资本，就喜欢在生活中的各个方面指点江山，就算自己毫不了解，也得说上两句。

我把极端的好为人师者，称作"教师癌"。一天不让他们过过老师的瘾，他们就难受！

"你还年轻，遇事多问问我，准没错！"说这话的，就是我的堂兄 D 先生。

别看 D 先生一副老气横秋的样子，好像也到了姜子牙的年龄，有了知天命的本事，其实他也比我大不了多少。可就是这几岁的差距，就让他抓住了破绽，硬是给自己冠以"人生导师"的称号。

其实，我很想说："你混得比我还差，还是赶紧照顾照顾自己吧！"

别看 D 先生年纪一大把、成绩却很贫瘠，完全是"听了很多故事，就是过不好这一生"的典型，他的道理却总是一套一套的。懂得多是好事，

可天天向别人传授知识，就是他的不对了。

你也不提前问问，别人愿不愿意听？

"D先生找你聊天了？完了，他肯定是跟你聊人生了吧？"一个朋友听到我们聊天的消息，一下就猜到了真相。

原来，上次D先生也跟这个家伙聊了半天人生。D先生说了半天关于机械设计的内容——对不对我们就不知道了，然后心满意足地说："我记得你就是学机械的吧？好好听听我说的，以后肯定有用。"

"……我是学管理的。"

D先生铩羽而归了一次，再也不找他聊星星月亮人生哲学了，却轮到了我倒霉。

"可不是，昨天足足拉我聊了三个小时……"

"都说了什么？"

"从恋爱宝典说到国家未来的核发展，那叫一个博学多才，见识远大呀！好像听了他的话，我就能分分钟成为人生赢家，接着统治全世界似的。"我忍不住吐槽道。

"你哥还跟你聊恋爱经验？我怎么记得……他年前刚跟第六个女朋友分手？倒是挺吉利的数字。"对面忍不住笑起来，"而且，你没告诉他你有恋爱对象了？"

"……他完全没问我，也没给我机会说……"

没错，D先生就是这么急着当老师，连学生上什么课都不愿意了解一下。我倒是觉得，他可能连学生都不需要，只要给他一个可以发表意见的信息，他对着空气也能上半天课。

这当老师的瘾，真比毒还难戒啊！要用什么样的办法，才能让他们改掉"教师癌"呢，总不会真像癌症一样，无药可医吧！

怪异心理学

　　为什么有人总是摆脱不了"教师癌"呢？归根结底，还是我们心中有着隐藏的小想法——被人需要的冲动。

　　人都是社会动物，我们不仅需要依靠别人，还需要别人依靠。在被人需要的时候，我们同样会产生一种满足感，即自我价值得到体现的满足感——所以没事多做做好人好事，你的心灵也会十分充实哦！

　　要是没人需要我们做好事怎么办？能给别人当老师也不错呀！我们希望证明自己是有用的，想要让别人在我们的帮助下成功，所以好为人师；我们希望自己的生活能获得别人的肯定，能让别人因为我们的经验得到好处，从而证明"我这样做是对的"，所以我们好为人师。在做老师的过程中，别人需不需要不是最重要的，我们从中得到满足、炫耀了自己过去的成功，才是我们想要的。

　　这就是"教师癌"和"教师"的区别。能够将别人需要的知识经验传递给他，是"教师"，不分青红皂白上来就教育别人，就是"教师癌"。

有病？得治！

　　要治疗"教师癌"，首先得让对方明白别人并不想听他教育这个现实。举个例子，为了帮 D 先生改掉这个坏习惯，我就耗干脑汁想出了一个绝妙的办法——怂恿他给自己录一段话，好好教育一下自己，听过了再发表一段感言。

　　D 先生欣然同意，在一个风和日丽、凉风习习的美好下午，蹲在自己家的书房嘀嘀咕咕了两个多小时，光矿泉水就喝了两大瓶。

　　隔天，他点开录音听了一遍，坚持了没一个小时就败了——"怎么这么无聊、这么唠叨？全是些没用的废话……"

　　D 先生不肯接受现实，赶紧试了第二次——这次连半小时都不到。他垂头丧气地表示："以后我再也不教育别人了，连我自己都烦透了。"

所以，想要治教师癌，先让患者知道"你对别人的教育是没用的，只会引发负面效果"才是最重要的。大多数人在理解这一问题后，就会注意自己的言行，不再刻意做"教师"了。

然后，引导他们多关注自身的情况，将教育别人的大道理在自己的生活中实施一下，做到"多做少说"，说不定还可以带来出乎意料的好效果。等到真正经过实践、获得了成功，这样的道理经验就值得一说了

最后，教师癌的患者得明白一个事实——就连至圣先师、老师们的前辈孔子都说了，别人不问他是绝对不主动开口的，你们能比得上孔子？比不上的话，还是注意自己的言行，少说空话、多做事吧！

情绪色盲——情绪太高级，我理解不了

"不会看眼色"大概是每个过于"耿直"的孩子儿时最常听的抱怨。在大人眼中，明明他已经满脸阴云、就在火山爆发的边缘了，这孩子竟然一点都看不出来，还笑得很开心？该打。

这就是一个很好的无辜挨打例子。

而长大以后，大概是在社会生活里磨砺太多，我们终于不再是以前傻呆呆讨打的家伙了，对别人的情绪感知十分灵敏。比如，上司刚刚挑了一下眉，你就能猜到，绝对是文件里出了什么错；旁边的小王今天上班笑开了花，指不定昨天女朋友送了什么礼物……

可是有些人，他们的情绪却永远停留在了儿时——甚至是更久远的时候，根本无法感受到别人的情绪，也不了解自己的情绪。这些人，就是"情绪色盲"者。

"我知道什么是笑，嘴角向上挑着、露出八颗牙就是笑，笑是开心的表现。"B君这样说，"可我根本不知道，什么才是开心。情绪对我来说太高级了，完全分析不明白！"

B君就是个彻底的"情绪色盲"，他懂得在什么场合应该表现出什么情绪，可内心绝对如同快圆寂的高僧一般古井无波，他知道别人的每个动作、小表情代表什么，却完全无法理解。

在B君的心灵世界里，大概普通人都是一群无理取闹的"小婊砸"，根本不可理喻。

"听说他老婆昨天生了？生了就生了呗，嘴都快裂开了是怎么回事！"B君的内心小人淡定地摇摇头，"真不能理解这种凡人。"

"这姑娘怎么了，哭得都没法看了。原来是分手了呀！"B君的内心小人撇撇嘴，"这有什么值得哭的，男人有的是，换一个不照样过？"

大概 B 君最常见的吐槽，就是"这算什么大事"吧！我敢保证，就算你跑到他面前吓唬他说："你老妈死了。"

B 君也会表面一脸紧张、内心却 OS："哦。"

"虽然我不能体会情绪，但我的身体会有反应。"B 君表示。

上次，B 君因为不小心搞砸了一场报告会——还是大老板在场的报告会，被化身"愤怒的小鸟"的上司当着部门所有人的面一顿狠训。

B 君还是保持着一贯的作风，按照以往多次的经验和从同事那里学来的技巧，控制出一副紧张又诚恳的表情——其实，他心里压根不紧张。

可这次，就在他的内心小人依旧面瘫着说"哦"的时候，他突然发现了不对劲的地方。原来，B 君的情绪倒是很省略，完全没有波动，但身体却很"情绪化"，生理反应极大。

"我的心脏在砰砰跳，虽然我不明白是为什么，但它跳得我难受。而我的肌肉也很紧张，甚至呼吸都有些困难了。"B 君表示，这让他觉得很神奇。

他就像修仙小说里，犯了错被贬下凡间顺便抽走七情六欲的主角一样，虽然身体还记着那些情绪，但精神上完全感受不到。B 君，你确定你没有修仙历史？丹田处没有一股热气？

虽然 B 君一再表示，他是个坚定的唯物主义者，鄙视一切牛鬼蛇神，我还是忍不住将他的反应联系到奇幻故事中。在修仙小说里，一个抽走七情六欲的主角最苦恼的是什么？自然是没法爱上自己的真命天女了，而 B 君显然最大的苦恼显然也是如此。

都这么巧合了，你还敢说自己不是主角？

"不开玩笑地说，我在家中的确深受'情绪色盲'影响。"B 君终于皱了皱眉头，"当我跟妻子说'我爱你'的时候，我的内心不会紧张激动；当我离开他们时，尽管我说'我会想你的'，却根本不清楚什么才是'想'。"

虽然很悲哀，但事实就是这样，跟一个情绪上有"色盲症"的患者交往，大概都会面临这个世纪难题——"他到底是不是爱我，哦，我忘了，他不懂爱"。

不过，B君的身体大概能告诉妻子答案，他是爱她的。当他离开自己的亲人时，虽然不会想念，但他的身体会变得不适。紧张、压力随之而来，这些痛苦都像在告诉B君："是的，你在想他们。"

好吧，看看这苦情的剧情，我都忍不住要留下眼泪了。B君，你还敢说自己不是被抽走七情六欲的主角？就凭这曲折狗血的生活剧情，你也肯定是啊！

怪异心理学 👉

B君的"情绪色盲"症在心理学上，叫做"述情障碍"。顾名思义，就是在表达自己感情的时候，会出现障碍和困难。患有"情绪色盲"的人，都无法正确地感受到别人的情绪波动，也不能感受到自己的情绪波动。

他们大概就是我们所说的最"没眼色"的人，你满怀深情地给他描述一个场景，绝对不可能引起他掉泪，因为他甚至不理解你"深情"在哪里；你在他面前暴露出愤怒、忧郁的一面，他也只会像个木头一样呆坐着劝你"多喝水"，因为他根本不清楚你为什么愤怒，或者压根就看不出你在愤怒。

当他跟你交流时，你会以为自己对面的是机器人，因为他的声音还不如siri有感情呢！这样平铺直叙的理智交流，感觉自己对面坐着的就是个情商为负的天才少年、"谢耳朵"（《生活大爆炸》主角，情商低的天才）的翻版好吗！

事实上，他们也的确可能是另一个"谢耳朵"，因为他们没有感性的部分，缺少情绪波动，生活中往往充斥着理性。他们用逻辑思维推理一切，是最公正无私的人，只会用理智来判断事情。这样的家伙，大概更容易在某些领域获得成功吧!

有病？得治！

　　"情绪色盲"就像色盲一样，几乎很难治愈。当然，通过一些努力，我们也能够将它的"色盲"程度减轻，至少过上正常的生活。

　　首先，你得有意识地训练自己学会"看眼色"。假如你的情绪问题不是天生的，而是因为儿时一些不好的记忆导致的，就有很大几率治好。只要找到让自己失去情绪的关键点，寻找一个靠谱的心理咨询师，来一场"穿越过去的旅行"，通过回忆引导自己体会到当时的情绪，就很有可能再次感受到情绪。

　　除此之外，多调动一下自己的感性部分也很重要。越是没有情绪、不会体会情绪，就越要接触能刺激自己的事物，多听音乐会、看表演、参加画展，没事读读那些"让亿万人垂泪""让你哭干双眼"的书籍或者影视作品，都有几率调动我们的情绪。

匿名社交依赖症——二次元里也不忘戴面具

每当我们在网络上"自由翱翔"的时候，往往都能生出这样的感慨——真是大千世界，什么人都有呀！

大概是网络给了我们第二个世界，而且是更加隐蔽、安全的世界，很多人就表现出与生活中截然不同的一面。有些人在生活中沉默寡言，但一上网就变成了"撩妹达人"；有些人在平时看起来衣冠楚楚，但主页上却黄段子不断……

不过，网络这片解放天性的"净土"也渐渐复杂起来。不管是国外的Facebook还是INS，又或者是我们身边的微博微信，谁还没有几个现实中的好友呢？不夸张的说，大多数人的网络好友圈子，其实90%都是与现实生活圈重合的。

这就遇到了一个新麻烦——我在网上解放天性，岂不是现实生活中的朋友都知道了？那我还隐藏个什么劲呀！

于是，我们在网络上说话也小心谨慎了起来。

"所以，我才特别喜欢'匿名社交'。"说到这里，T君就给我们提供了一个解决办法。

原来，T君也是个拥有一肚子吐槽却无处安放的人。写在微博微信里？现在可不是当年没多少人上网的状况了，恨不得刚上小学的侄女都是网上的"老司机"，谁还敢随便说话？没办法，T君开始思念过去互不认识对方、能敞开了聊天的日子，就偷偷注册了一个匿名的小号。

"保准一个现实中的好友都没有！这就是我的匿名账号。"T君对自己的做法十分满意。

于是，就出现了下面这样的场景——

作为微信圈充斥着好友上司前女友的家伙，T君十分小心自己的言行。

在同事的圈子里，每天发发励志贴，没事跟老板表表决心，一副"工作十分努力，从不考虑加薪"的样子。

可在自己的小号里，他却整天吐槽"老板太抠门了，三年不给涨工资，是不是省了钱都买健脑丸去了""对面的同事是个地中海，晚上一加班，我都不用开灯，完全是自然反光嘛"……

在日常生活中，T君是个非常有素质的人，对女朋友更是没话说。别看前任劈腿甩了他，他一样能心平气和地祝福对方，对现任更是细心体贴到了极致，别提多绅士了。

可在自己的小号，T君是这样说的："让你给我戴绿帽子，现在也被甩了吧？哈哈哈哈，苍天饶过谁，你就是活该呀！""今天从女朋友包里发现一张电影票，她是背着我跟人约会去了吗？怎么办，在线等，挺急的。"

天呐，不翻开他的匿名账号不知道，T君这小婊砸还有两副面孔呢！

现在，如果你让T君将自己的匿名账号关闭，他保准会吃不香、睡不着。在账号上发泄自己想说却不敢说的话，已经成为了他的习惯。如果把这条渠道关闭，T君分分钟能伤心到晕厥！

"别说我，难道别人不这样？"T君这样说。

也是，据说qq刚开启匿名模式时，T君公司的qq群足足响了两天，别提多热闹了。至于内容？大致能分成两种，一种骂公司抱怨老板，一种爆料同事黑历史加互相吐槽，别提多热闹了。

那几天大家来上班，脸都是绿色的，看谁都像背后骂自己的人，相互之间的信任度那是"唰唰"往下掉。

而在各种社交网站上，都活跃着各种"树洞"站，为的就是满足人们匿名吐槽的愿望。还别说，粉丝一个比一个多，看来大家不仅喜欢匿名吐槽，更喜欢围观吐槽呀！

看来，匿名社交依赖者，在未来的网络世界只会越来越多，绝不可能减少了。

怪异心理学 👉

产生匿名社交依赖，其实是很容易理解的。我们都知道"语多必失"的道理，平时说话太多，总会得罪人，更何况加上那些不方便说的话。当两个人笑脸相对，满口都是"很好""很棒""你说的太对了"时，你怎么知道他们背地里不是在互相咒骂、送给对方一句"呵呵"呢？

这种两面派似的情绪，无法向任何人表达，只能憋在自己心里。可是，架不住我们人类都是有倾诉欲望的——也就是俗称的"大嘴巴"，所以时间久了，总有憋不住的时候。与其发泄在现实生活中，匿名的网络世界显然是更好地选择。

有些人大概就是因为在匿名的社交中太自由了，爱上了这种"解放天性"的生活，就开始依赖它。严重一点，他们就会变成现实中的"闷葫芦"，见谁都不说话，与谁都不贴心，而在网络世界大放光彩，好像变了个人。

这时，他们就将精神全部寄托在了匿名世界里，产生了不可剥离的依赖。如果你盗走了他的账号，那简直就是抢走了他所有的朋友啊！这后果，严重不？

有病？得治！ 👉

当你产生情绪欲望的时候，是第一时间掏出手机、登陆你的匿名账号吗？你在网络上的陌生好友，是不是数量远超你的现实好友呢？如果是的话，你就得小心了，匿名社交依赖症很可能已经盯上了你。

如果程度轻微，在可以控制的范围，我们不必太过在意。与其将所有吐槽憋在心里，只等哪天忍不住突然爆发，倒不如找个好渠道释放它，反而有利于我们的情绪，更不容易造成对他人的伤害。反正大家互不相识，看不顺眼的就吐槽、觉得赞同的就互相点赞，不是非常爽快的一件事吗？

要是情况严重，你就得适当地远离网络了。比如在网络中的社交占据了你大多数时间，甚至造成你在生活中越来越孤僻、演化出"两个面孔"，就需要减少登陆匿名账号的时间，多和现实生活中的好友聚会玩耍，向他们倾诉心情；如果你在网络上的脾气越来越暴躁，不仅时刻口出脏话、逮住别人就进行"人参公鸡"，还爱上了传播谣言、发掘黄色内容，不好意思，你也得将社交账号关停一段时间，好好回归到现实生活中。

在网上指点千军万马，在现实吃着借钱买的泡面，这可不是一种好的生活态度，倒不如早点选择"注销"你的账号，赶紧感受一下现实的残酷洗礼。

第六章
极品另类症候群

生活中隐藏着的各种心理"常见病"，就像感冒一样普遍而容易治愈。但是也同样有一些"疑难病"，患病几率小得可怜，表现症状都十分极品，给医生们添了不少麻烦。你一听这些病症，你的反应一定是："开玩笑吧！骗人也太没水准了，你以为是科幻小说呢！"没错，就是这么科幻。

虚构症——在这个平行世界，我就是超级英雄

你做过超级英雄吗？

我当然做过，不过……是在梦里而已。而不久前的一个有趣新闻告诉我们，在现实生活中，你一样也可以轻松当上英雄，只要你的"说谎"水平够专业。

原来，在欧洲的一个小镇上，有个七十多岁的老爷子去世了。他是这个镇子里有名的"特工英雄"，曾经参加过战争、保卫过国家安全，年轻时的事迹说起来三天三夜都讲不完，晚年又隐居在自己的家乡。这……这不就是国外大片里英雄的标准戏码吗？天哪，我可找到超级英雄的真人版了！

连他的儿女也是这样深信不疑。而老爷子去世后，这群可怜的孩子才发现——这不厚道的爹，连他们都骗！

原来，老人从没参加过战争，离开家乡其实是去附近的城市打工。但是，他的"超级英雄"经历又不是在故意骗人，确切地说，是他连自己都骗过去了。

这就是"虚构症"的威力。它会引导我们将脑海中虚构的情境，填补在失去的记忆里，构成新的"真相"。

S 先生就是个有趣的虚构症患者。在 S 先生的描述里，他就是个隐藏在茫茫人海中的黑社会杀手，过去曾过着"十步杀一人"的酷炫生活，脑门上恨不得贴上"顺我者昌、逆我者亡"的贴纸，那叫一个霸道。

可我们完全不敢相信，这就是早上总是匆匆赶公交车上班，手里永远提着煎饼果子、韭菜盒子，还三天两头被老板骂得狗血淋头的 S 先生。

"如果你真的这么厉害，为什么现在混得……呃，这么低调？"有人忍不住问。

"那是因为……因为我在执行特殊任务，监视某个暗杀目标。"

"那你要暗杀的人是谁呢？你会杀掉他吗？"

"我暗杀的人是谁？哦，这可是个秘密。不过我敢向你保证，你很快就会收到他的死亡信息的。不用怀疑，那就是我动手了。"S先生十分肯定地拍着胸脯说。

我敢保证，如果没有意外的话，S先生的暗杀对象死期已定——大概在半个世纪以后吧！死亡原因？也许会是心脏病、糖尿病什么的，随便吧，毕竟人老了总会因为各种原因死去。

反正，不会是S先生出手的就是了。

"你们别不信，我当年可是真混过黑社会的人，和我哥们一起！"S先生绘声绘色地给我们讲述着他在黑社会的风云往事，一开始还的确挺唬人的。

在他的描述中，威风凛凛的黑社会二头目S，曾经在商店中公然枪杀了别人。别怀疑，就是他亲自出手的，还打光了整整一梭子子弹呢！而他的哥们更厉害，使出影视剧中男主角才有的"不管多少子弹也打不到我"的功夫，成功夺去了对方老大的性命。

"你确定，这发生在笼罩在社会主义光环下的天朝吗？"如果可以，真想拆开S君的脑袋，看看里面到底装了些什么。

难道是做完吃不完的豆腐脑？

"当然是真的了！我还抓住了一个俘虏，让他摆出这个姿势！"S君比划了一个反人类的高难度姿势，然后得意地说，"直接把他压到了我们的总部，一个地图上被隐藏的地方。"

"天哪，那你们肯定不能打出租车了吧？难道是走路过去的？"

"当然了！我们走了三天两夜，大概走了将近180公里才到。"

S君，身为一个黑社会二把手，你确定自己不需要配一辆小车吗？奇瑞QQ也可以呀！走了180公里，你的鞋底还安好吗？

而在下一次的故事中，S君的经历又会发生一次改变。总之，他每次回忆起自己的"过去"，总会进行一次新的润色，似乎连上次"撒谎"的内容都记不住了。看来，虚构症患者们不仅记性不行，还各个想象力丰富，每次填上的内容都不一样。

多攒一攒，说不定还能写个80集电视连续剧呢！

怪异心理学

人们为什么会有虚构症呢？其实，如果你的记忆力非常好，能够记住发生的每一件事，你就用不上自己的想象力了——因为你不需要虚构一个"过去"。

只有常常忘记的人，才需要虚构。当他们被问起失去的那部分记忆时，会本能地感到窘迫——明明是自己的经历，怎么会一片空白呢？于是，他们的大脑将不自觉地调用一段想象中的场景，生拉硬拽地填补在失去记忆的地方。大脑可不管这块补丁合不合理，只要能衔接上主人的思维就行。

于是，记性不太好的患者就开始随意发挥，自己"演绎"一段过去了。而他们的记性太差，过不了多久就会忘记这块"补丁"，于是只好再填上新的记忆，所以每次虚构的情节还会不一样。

其实，除了大脑记忆力超群的天才，我们每个人都有"非典型性"的虚构症。当回忆生活中的一些早已遗忘的小细节时，我们会不自觉地受到"经验"的影响，直接给它填补一个符合逻辑的答案。比如家里的花瓶不小心被打碎了，经验告诉我们——它绝对不可能是自己破的。所以，我们会不自觉地想起很多"事实"，来证明是某人打碎的。

其实，这些"事实"可能根本没发生过。所以，我们也在无意中患了虚构症了。

有病？得治！

　　要治疗虚构症？那得找到病因才能产生疗效。有时候，虚构症虽然是一种心理问题，却是源自生理疾病。假如患者是个"酒鬼"，长期沉浸在酒精之中，就会产生长期性的酒精中毒。时间一长，大脑的神经也会受到损伤，开始出现"健忘"症状——还专门忘记最近发生的事。这种情况下，就轮到虚构症上场了。

　　对待这种问题，治疗方法很简单——先戒酒，再补充维生素，最后修复一下大脑即可。最后一种需求完成起来比较难，通过高压氧舱促进细胞代谢，大概能让我们的大脑慢慢自我修复，填上出现的"窟窿"，不过效果好坏就不能预期了。

　　所以各位，饮酒对身体有害，且喝且小心呀！

　　但是，如果因为痴呆等病症导致出现了虚构症，就连医生也找不到合适的治疗办法。这些病人，只能靠自我催眠来解决问题了，那就是时刻告诉自己——别轻易相信你的记忆。

　　我想，养成记日记的习惯，对这些患者们会比较有用。白纸黑字的证据，可比纯靠一张嘴要有力多了。

害羞膀胱症候群——别看我，再看我我就尿不出来了！

请允许我问一个"羞羞"的问题："在你如厕的时候，会介意旁边有人吗？"

对家里养着猫狗的人来说，答案可能很明显了——完全不介意！毕竟，在猫狗这些好奇的生物面前，"上厕所"的主人绝对是神奇的状态，他们可不能放过围观的机会。所以，几乎所有饲养员们都会面临这样的境况——

你在马桶上拼命"努力"，而你们家的主子们在面前排排坐，蹲着与你大眼瞪小眼。

除去这些毫无隐私的可怜人士，相信的确有些人会觉得别扭。当然，必要情况下，他们也不会介意在别人的围观下排除毒素、一身轻松的。

可有些人却完全不同，他们大概长着过于害羞的膀胱，只要边上有人，他们就绝对无法"嘘嘘"。严重点，他们都不能在公共场合的厕所正常排泄，只能在安全的家中解开腰带。

K先生就是"害羞膀胱症候群"的一员，让他在公共场合上厕所，简直跟杀了他没有两样。

"读大学的时候，这家伙每次上完课都急匆匆地溜出教室。我们好几次诧异，难道他是快尿裤子了吗？可厕所里回回都见不着他呀！"K先生的大学好友揭露了他的本性，"后来才发现，他是直奔回宿舍去上厕所了！"

估算了一下宿舍区到教师的直线距离，K先生的舍友们都忍不住佩服又同情，还夹杂着一点恍然大悟——怪不得K先生回回都在长跑项目上夺冠，原来是天天锻炼呀！

"在大学里，我最爱的就是宿舍的独立厕所。"K先生发自内心地赞美着，"这也是我为什么非到南方上学的原因。"

毕竟，在粗犷的大北方，共用厕所的情况实在是太常见了。

K先生大概被天朝大地的本土巫婆下了"肥水不流外人田"的咒语，只要在公共场合上厕所，不管自己有多么着急，都能发扬"一滴不流"的节俭态度，一定要将肥料播撒在自己家的马桶里。为什么会这样呢？

"我实在是太紧张了！"K先生表示，"在公共厕所解开裤子，哪怕有单间的门阻隔，我也一样会担心有没有人突然闯进来，总觉得外面有人偷看，还会向厕所里张望。就算是十分安静，我也担心缺水少纸。"

总之，在K先生眼中，能在外面正常上一次厕所的概率，大概等于零吧！在男生们早就习惯互相"裸露"的厕所里，他绝对是"再看我，再看我我就提上裤子回去"的怪人。

而K先生的阴影，就来自于过去的公共厕所。

在天朝的基本教育上摸爬滚打过来的孩子都知道，我们的教学特色有很多，而学校里"没有单间全部敞开欢迎围观"的公共厕所算是其中一个。我还记得，在女生的公共厕所里，"嘘嘘"这个不超过两分钟的事情，绝对是相当严酷的考验。

从你蹲在"坑"上的一瞬间开始，你就成为了周围排队女生的瞩目焦点。闲来无聊，她们会将你从头打量到脚，女生们之间还得八卦一下对方穿着什么花色的内裤、是不是昨天没有换、蹲下的姿势什么样，尤其注意正在上厕所的人用时多久——这关系到她们等待的时间。在这样的万众瞩目下，上个厕所绝对不是享受，而是煎熬啊！

而男生则更"开放"一些，用K先生的话说，小时候闲来无事，大家一起比"谁尿的远""谁时间长"这样的活动，实在是太频繁了。而不爱喝水、"后劲不足"的K先生，在很长一段时间里都是垫底的角色。还不能理解这些比赛的意义，他就明白了"输"是不好的，从此开始抗拒上厕所了。

时间一长，K先生开始找各种理由不去厕所。不管是"厕所太脏""公共场合人太多"，还是"忘带纸了""担心停水"，什么不靠谱的理由都想过。时间一长，同学们都担心他是不是出问题了，更甚者还开了大大的脑洞——

"你不会是女孩子吧？女扮男装那种！"

好吧，这大概是受到了脑残偶像剧的影响。总之，习惯的谎言最后成为了 K 先生拒绝上厕所的理由，从此养成了"不上公厕"的习惯。

这害羞的膀胱，到底该怎么拯救呢？

怪异心理学

传说中的"害羞膀胱症候群"，就是因为境遇性排尿障碍导致的。这种排尿问题很简单，就是无法接受在有其他人的场合如厕。推广一下，在没有人的公共厕所、有他人的家庭厕所，都不能正常排尿。

总之，一定得是一个清场的、保证不会突然闯进人的、安全的场合下，患者才能正常排尿。你们确定，你们是在上厕所，而不是进行地下党接头任务？

当然，根据患者膀胱的"害羞"程度，如厕的困难也有等级。有的人在不适应的场合根本无法如厕，有些人则表现为排尿不正常，比如时间更长、过程更曲折、尿得更不彻底……这个差距，大概就是"非常不舒服"和"不舒服"的区别吧，全都需要治疗。

不然，万一离家出门，难道找不到安全的地方你就要一直憋着？这也太反人类了吧！

有病？得治！

害羞膀胱症候群的患者，在公共场合排尿的反应其实是明显的"焦虑"。治疗焦虑的第一要素，就是要在认识上打破这种"害羞"。上个厕所而已，难道别人不会上，还得跟你学？不断地暗示自己，他人并不会在厕所里对你多加在意，就能鼓起勇气。总之，别把它当成什么病，先用平和的态度去对抗，才能"四两拨千斤"。

　　然后就得进行循序渐进的适应，即"系统脱敏疗法"。最开始，可以选择有单间、安静的公共厕所，先进入单间解决生理问题。同时，伴随着科学的放松方法，比如规律的深呼吸、冥想等，让自己的肌肉放松下来，排泄的"闸口"也就打开了。

　　慢慢地，选择人较多的公共厕所单间，再进行尝试。攻克这一难关后，男生就可以开始迈向小便池的第一步了。一开始最好选择心中信任的亲人、朋友相伴，让他们站远一点，迫使自己不断适应。最后，相信你们都能在公共场合顺畅地完成自己的"五谷轮回"，不需要在家里的厕所和工作地点练长跑。

神鬼附体症——天灵灵，地灵灵，太上老君来显灵！

在世界范围内很长一段时间，除了正经医生以外，还流行着一种"另类"的医生。

在国外，他们是会熬神奇药水的女巫，在中国，他们是能看到"脏东西"的巫医。到了现代，他们有了另一个常见名字——

跳大神的！

"听说 XX 地又有一个人鬼魂上身？找了个跳大神的婆婆就给治好了？"

"可不是，那老太太嘴里嘟囔了半天，然后一杯符水给他灌下去，你猜怎么着？好了！没事了！"

这样的对话，你是不是觉得有点耳熟呢？甭管是什么版本，也不管发生地的远近，我们都曾听说过"鬼魂上身"的神奇景象，还都有一个"道高一丈"的跳大神婆婆。

总之一个词，神啊！

不过你的敬佩可能要被我残忍的打破了，因为这些受害者们并不是真的鬼魂上身，而是患上了一种神奇的疾病——"神鬼附体症"。

当我们翻开历史典籍，说不定能从里面找到不少"神鬼附体症"的病友。这不，太平天国的领导者之一杨秀清就是相当有名的一个疑似患者。

大多数人提起太平天国，都会想到拜上帝教和洪秀全，杨秀清又是哪路神仙？具体的咱们不必了解，只要知道杨秀清同志是太平天国的二把手，喜欢"装神弄鬼"即可。他当上二把手的重要技能之一，就是一不小心就口歪眼斜，瞬间化身另一个人——上帝。

这就是他们宣称的"上帝附身"。事实上，太平天国的领导人们，靠着"xx附身"吸引的粉丝绝对超过了 80%。

看看"上帝附身"这个词，这才是西方理念中国化的最佳表现嘛！一个西方的神，专门跑到中国来学习附身手法，简直令人敬佩呀！

虽然这个词语十分有吐槽的必要，但忽悠忽悠太平天国的一众人士还是很简单的。于是，能够"上帝附身"的杨秀清一下子地位高大上起来，有时还能拉过洪秀全来打一顿——当然，是在他变身"上帝"的时候。

没办法，谁让洪秀全宣称是上帝的儿子呢？老子打儿子，天经地义嘛！

杨秀清同志的这番作为，其实跟"神鬼附体症"还真有极大的相似之处。都是突然被附身，都是一下子变成"天灵灵、地灵灵，各路神仙来显灵"的神叨状态，如果不是次数太巧，我们完全可以断定——

这就是个散落在外的神鬼附体症患者。

除了这个疑似病患，在生活中也常常看到神鬼附体症的病友。隔壁邻居的儿子小L就是其中之一，作为年纪不大、网瘾不小的"不良少年"，小L目前阶段的人生愿望就是不用上学。大概是这种向往太过强烈，他终于克制不住地犯了神鬼附体症。

那是个普通的早晨，小L又一次因为"网游"二字跟老妈发生了争吵。就在他妈妈正口若悬河、唾沫横飞地教训他时，小L的精神终于紧张、愤怒到了临界点。

什么，你说他是不是昏古起了？当然不是，这家伙不走寻常路地跟老妈对骂起来。只是，这内容有点奇怪——

"啊，是不是你趁我不在就欺负我孙子，我早就说……"小L的妈妈终于发现了不对劲，这神态、这语气，这不是自己人生中最恐惧的角色之一、死了至少三年的婆婆吗？

老天，难道是自己教训儿子，婆婆看不过眼，直接附身来"抗议"了？小L的妈妈一下子"怂"了。

一开始她还以为是小L故意搞鬼，可从不说方言的小孩，是怎么操着一口异常熟练的方言、以完全的"婆婆"状态搞鬼呢？妈妈一下子就害怕起来。

一连好几天，小 L 都这样浑浑噩噩的。清醒过来什么都不记得，而不知何时就会突然"发疯"。难道，真要找个神婆婆来给他看看？

怪异心理学

虽然杨秀清前辈属于疑似病人，但小 L 的情况却不必怀疑，肯定是"神鬼附体症"。大多数患者在发病时，都会表现出"神仙附体"和"鬼魂附身"两种症状，别看方式差不多，前者可能混成当地神棍、顺道骗吃骗喝，后者基本只能被神棍骗吃骗喝。

这种病往往是急性病，因为外界的精神刺激，患者的情绪会突然爆发，导致一下子意识模糊、出现抽搐情况，然后"一言不合就附身"，而且，短期消失后还有再次复发的情况。这样一看，小 L 的症状就十分符合了。

老妈的责骂——精神刺激；

自己心里委屈又不服气——情绪爆发；

变身"婆婆"表现怪异——一言不合就附身。

得了，全都满足了。而想犯这个病，还得有个基础，那就是患者本人有足够的迷信思想。只有相信这世界上有鬼神，才能让身体导演这一出"神鬼附体"的片段嘛！所以，迷信才是根本病源，精神刺激只是导火索。

有病？得治！

神鬼附体症到底要犯多长时间？治好了会不会复发？这事还真说不准。如果治疗的时候处理的不正确，很可能会导致病情更加严重。

所以，看到家人犯了病，千万别去求助"神婆"，自己也不要相信，一定要进行积极的、良好的暗示，告诉患者"你只是犯了癔症"。只有患者本身相信了这个情况，他才会减轻自己迷信的心理，进而减少"附体"。

连信仰都没了，我敢保证，鬼神是看不上你的。

求助医院时，医生也要注意言语适当，绝对不能嘲笑、攻击或者粗暴的否定病患，更不能开封建迷信的玩笑，而是温和地引导。如果不小心伤了病人的"玻璃心"，或者引发了错误的暗示，很可能会导致病情加重。

最后，以心理暗示辅助着药物治疗，这种看似恐怖的神奇病症，就会很快痊愈的。其实，解决神鬼附体的最佳治疗办法非常简单，来，抱着你手里的政治书，跟我念——

我们是无神论的共产主义接班人！

外地口音综合征——自从患上这病，学外语轻松多了

你的母语是什么呢？

母语，就是我们生来就会说的第一语言。不管你在未来的日子里学会多少语言，母语永远是危急关头首先想到的。所以，你可能会看到这样的场景：

一个西装革履、满口标准普通话和美式英语的精英，在突发的危机面前突然大惊失色，满脸哀怨地蹦出一句——"俺哩娘啊，俺可能不中了！"

完美，正宗"小岳岳"味道。

对比之下，另一种场景就显得稀奇很多。竟有人在灾难过后，完全忘记了自己的母语，反而说起了过去从未说过的语言？这叫什么情况！

朋友，这就叫做"外地口音综合征"。幸运的是，患此病的几率比中六合彩还要低，就算你患上了，也一样可以祈祷一下，自己的"外地口音"恰好是英语。

恭喜你啊，这样你学外语就容易多了呀！

在天朝，C小姐就是为数不多的"外地口音综合征"患者。大概她的运气不太好，在中学的时候，就遇上了"千里不一定能挑一"的车祸，而车祸醒来后，又面临着"亿人选不出一个"的疑难杂症，也就是外地口音综合征。

你猜怎么着，这个从小只会说家乡话，看当地节目都听不着普通话的姑娘，竟然无师自通地开始说普通话了！

咦，怎么感觉这倒是因祸得福了呢？

原来，小姑娘虽然不说普通话，但生活中也常常接触，已经达到了"虽然不常说、不太会说，但早就学会了"的程度，就差实践这一步了。大概是车祸撞伤了她的大脑，不知道大脑中的哪根弦"搭错"了，她就迈过了

实践步骤，直接变身普通话达人了。

当然，缺点也是很明显的，那就是她完全忘记家乡话该怎么说了。

"我不知道该怎么说家乡话了，听得懂你们说的，但我就是改不过来！"C小姐十分着急，"我就觉得，说家乡话特别别扭！"瞧瞧这语气，如果说给一个拼命学普通话却总是说不标准的老乡，该是……多么气人呀！

我跟你讲，要不是看在你是个女生的份上，你可能要挨揍哦！

可惜，在我们看来C小姐是"占了便宜"，在她心中却不是如此。不会说普通话，就意味着回到家乡后不能很好地融入环境。同学们都说家乡话，就你操着普通话，你是在炫耀哦？就你拽？

相信我，孩子们是绝对理解不了神奇的外地口音综合征的。

所以，为了让自己能够再次回归大部队，C小姐和父母坚定地选择了治疗，争取早日将自己的普通话掰回家乡话。

后来，C小姐坚持不懈地努力着，每日不间断地上"家乡话课"，终于得到了满意的回报——她总算说回家乡话啦！

……听着怎么有些不对劲呢？孩子，等你长大了，在"zh"和"z"的发音上奋斗时，一定会为现在的选择哭泣的！

怪异心理学

外地口音综合征都是因为大脑疾病、受损引起的，它跟"失语症"还有很大差别。他们的面部、咽喉可能会十分无力，其他器官却都保持完好，至少从表面上看一点问题没有。可是一开始，患者完全没办法发声。

怎么办？是不是不能说话了？

放心，他们还来不及从这样的情况中感到悲伤，就会立刻听到自己的声音。因为外地口音综合征，只会造成短暂的失语状态。而一旦打开"话匣子"，他们就会受到另一波冲击。

怎么回事，这声音有点熟，但是不像我在说话呀！

不管他们想怎么正常的表现、控制自己的语言，口音都会变成"外地味"。如果不小心变成谁也听不懂的方言，大概患者也会觉得还不如失语算了吧！

变成了外地口音，并不代表你就能像使用母语一样流利地使用它了。有些患者可以保证自己除了口音变化，其他任何问题都没有，有些却不行。丢失了母语，可能也将他们的语言能力带走了一部分，语法错误、读音有错、阅读障碍，各种各样的问题都有可能出现。

所以，也别期盼着自己能突然变成"英国口音"，就凭我们这英语水平，变了口音可能就要化身文盲了亲！

有病？得治！

外地口音综合征该怎么治疗？不好意思，因为它的命中率太低了，全世界患者加起来也不足一百个，实在没有什么经验可以选择。所以，如果你不幸变成了外地口音，想再换成正常口音？没什么捷径可走，还是赶紧按学方言的态度来重新学一遍吧！

除了积极治疗引发口音问题的脑部疾病，我们得多做语言上的锻炼——也就是上"口音课"，像C小姐一样兢兢业业、老老实实地学习，搭配上积极的心理暗示，总会有再恢复的一天，而且会很快。当然，如果你觉得"这口音还不错，挺酷的"，又不影响自己的生活，也可以选择放弃治疗。

爱丽丝漫游仙境症—— 一觉醒来，移民小人国？

听说过爱丽丝漫游仙境的故事吗？

没错，就是那个比猫还要好奇的小姑娘爱丽丝，被一只肥兔子先生引诱着钻入兔子洞，进入地下世界的故事。在仿佛仙境般神奇的世界里，爱丽丝遇到了很多"不可思议"的事，她喝下过可以变成小不点的药水，也尝过咬一口就能变成巨人的蛋糕……

无独有偶，在《格列佛游记》中，人们也畅想着这世界上有小人国、大人国的存在。是不是真的有一个地方，生活着一群比芭比娃娃还小的家伙呢？当夜晚来临的时候，城市中又会不会有巨人的身影在孤独地游荡呢？

这我们可不确定，说不定，还真有呢？

而我们身边也不缺少那些现实版的"爱丽丝"，他们就拥有随时"变小变大"的能力。

小 Q 是个不满十岁的小姑娘，和大多数的小女孩一样，她虽不是从不说谎，却大多数时间能诚实对人，虽然内心有点小虚荣、小骄傲，但在大事上很少做错。可最近，朋友们对她的这一印象却遭遇了"毁灭性"的打击。

在朋友眼中，小 Q 最近突然爱上了说谎，说谎就罢了，还总是摆出一副十分神秘的样子、用无比诚恳的语气说一个任谁也不会相信的谎言——她发现了小人国。

你要是反驳她，想让她"早点醒醒"，她还要跟你着急呢！朋友们也毫无办法了，甚至心里隐隐有些愤怒——

用这么小儿科的假话骗人，难道我的智商在你眼中就那么低？这个世界哪会有小人国呀，都是童话里骗人的！

自从我们发现圣诞节的礼物都来自己父母，而不是那个神秘的圣诞老公公之后，"童话"在我们心中的可信度就一落千丈了。在这种情况下，你跟我说小人国？这笑话还挺逗！

"我真没有说谎话！"小 Q 信誓旦旦地说，"那天早上一觉醒来，我差点吓了一跳，难道是我来到小人国了？"

小 Q 的内心是崩溃的，就算办理移民手续，你也得通知一下本人呀！

原来，当她睁开眼睛后，突然发现周围的事物都变得非常小。桌子大概只有平时的手掌大，上面的水杯更是看起来跟牙签一样粗。要不是戴上那副眼镜，小 Q 可能还发现不了呢！

这样的变故让小 Q 很快就呆住了，她忍不住狠狠地掐了一下自己的脸——嚯，还挺疼！看来这不是梦，可这周围的环境也太奇幻了吧？就算自己是坚定的唯物主义接班人，也完全受不了这样的冲击啊！

小 Q 的大脑飞速地旋转起来，要给自己的情况找个理由，很快她就找到了满意的解释——绝对是穿越了！故事里都是这么讲的！

"如果不是穿越到小人国，为什么周围的家具都变得那么小？就算蹦出来一个只有我手掌大的小人，我也一点都不奇怪！"小 Q 想到这里，就忍不住又害怕、又好奇起来。

可不是，如果能在"小人国"里进行一番冒险，回去后绝对是独一无二的谈资，说不定就要成为人类外交历史上的新篇章呢！

等等，她还有机会回去吗？

片刻之间，小 Q 就完成了从紧张的"新移民"到兴致勃勃的"外交官"之间的转变，还顺便担心了一下自己的回程问题。可惜，这个问题好像不必她担忧了，因为还没将思绪理顺，她就发现身边一阵天旋地转，很快就恢复了正常。

"怎么回事？我还没来得及好好逛逛'小人国'呢！"小 Q 丈二和尚摸不着头脑，不过很快，她就来不及遗憾了，因为她已经迫不及待地要将这番经历告诉周围的人了！

可惜，这回应却不如人意。

"这熊孩子，没看妈妈忙着呢吗？你也不小了，别没事琢磨童话故事了哈！"这是一脸暴躁的老妈。

"我相信，这大千世界啊，无奇不有！我年轻的时候还遇到过一只聪明的猴子呢，翻跟头打滚多利索啊，他好像叫……美猴王？"这是已经有点糊涂、老把自己当唐僧的爷爷。

"……"这是一脸"你当我傻啊"的朋友们。

好吧，这趟神奇之旅，似乎没有得到任何人的认可呀！"可我真的没有骗人！"最后，小Q忍不住发出了自己内心的呐喊。

怪异心理学

当你的身边也有人对你说"我去了小人国"时，别急着摸他的脑门看看对方是否发烧，也别总想着他一定是在骗你出丑，这事还真有可能发生过。因为，当他患上"爱丽丝漫游仙境症"的时候，就会遇到这样的经历。

这又叫做"爱丽丝症"，每个患者都是被童话故事选中的主角，他们的病情只有一种——看到的事物会变形。有的患者眼中，身边的朋友会一下子变成"绿豆大"，眼前的一辆汽车看起来都像个有趣的小玩具——只是不知道，这种错觉会不会让他胆子变大，导致车祸呢？还有的患者则觉得，一切都变得无比巨大，就连身边的咖啡杯都能变成可以洗澡的木桶。

作为一个成年患者，就算出现了这样的情况，他也一定能断定这是幻觉，可孩子却很难解释。所以，不少小朋友都会向父母炫耀："我去小人国逛了一圈！"可能这时候，爸爸妈妈们还不当一回事，以为他们在开玩笑呢！

事实上，这可是病呀，得治！

有病？得治！ 👉

爱丽丝症虽然表现起来十分奇特，病因却十分淳朴——不是病毒感染，就是细菌炎症，要不就是癫痫，很少一部分才是精神原因导致的。总之，大多是能很快检测出的病症，所以一旦你发现自己在童话世界里冒险了，先别怀疑是不是穿越大神搞鬼，还是赶紧去医院检查一下为好。

尤其是小朋友们，这很有可能是"脑子出问题"的征兆。别害怕，我们说的是脑膜炎而已啦！只要早点检查，很快就能找到原因，解除身上的"爱丽丝"魔咒！

你们说，童话故事中的主角爱丽丝，会不会也是个隐藏的患者呢？

卡普格拉妄想症——你不是我爱的人，肯定是外星人假扮的！

当克隆技术出现时，全世界的脑达人都开始放飞自我，开始稀奇古怪的联想了。

有的人担心，这样的"复制人"，会不会成为被圈养起来失去自由、成为器官供体呢？于是，电影《逃离克隆岛》就诞生了。

有的人联想，如果由自己的细胞克隆出了复制人，自己到底是他的爸爸还是兄弟还是……最重要的是，自己的老婆和他是什么关系？好吧，这一团乱麻很难解释，于是伦理学的矛盾就出现了。

还有的人则担心——如果哪天，我被自己的复制人替换了，会不会没人知道真相？这么一想，还真是令人不寒而栗呀！

事实上，人类的脑洞总是比科技走的更远，别看克隆人还没诞生，拥有最后一种担忧的人就已经很多了。他们，都是卡普格拉妄想症的患者。

什么是"卡普格拉妄想症"？就是当你看到熟悉的父母、亲密的恋人时，都会产生一种荒谬的感受，觉得他们全是被人假扮的，并对自己的判断深信不疑。

听起来似乎有点可怕，不是吗？不管真假，沉浸在这样的怀疑中，就能把自己吓破胆吧！

可是，你确定自己的想法没问题？只要你不是隐藏在人群中的超级特工、不是得罪了变态博士的倒霉蛋，都不会有这样神通广大的敌人吧！

但妄想症的魅力就在于此，明明知道这是"妄想"，让患者不要相信，他们还是会晃着脑袋大喊一声：

"臣妾做不到啊！"

小 K 目前就是这样的"惊弓之鸟"状态，他拉着警察叔叔的手，十分恳切地求助他们："快帮我把家里这两个外星人带走吧！"

在过去，小 K 是个完全正常的年轻人，甚至是个不能更理智的坚定唯物主义者。你要是告诉他，未来有一天他会发现身边的人都被神不知鬼不觉地"替换"了，他保准要给你一个白眼，还要留下一句嗤笑：

"我就算相信社会主义核心价值观能成精，也不会相信这么荒诞的说法！"

搞什么，这是未来科幻片和间谍片的结合？还是恐怖片的又一种表现方式？或者是新版《楚门的世界》？

可这次，小 K 却被自己吓到了。

"这次放假一回家，我就发现了不对劲！"小 K 显得十分亢奋，"我是谁啊，可是把柯南一千多集从头到尾看了个遍的男人！"

于是，他发挥了十二万分的敏感，将自己家从头到尾检查了一遍，最终得出一个差点把自己吓晕过去的结论——不仅我家的房子有异常、所有的物品都被掉包了，就连我爸妈都是赝品！

"这是什么样的技术手段啊，能把我们家这么精细地还原，还把我爸妈也换了！"小 K 十分紧张，"难道是我得罪了什么控制世界的恐怖组织？还是陷入了外星人的阴谋之中？"

思来想去，他觉得后者更加可能，绝对是外星人给他建造了另一个"家"！

怀着这样的心态，小 K 匆忙出门找人求援。一出门不要紧，楼下遛弯的黄大爷、小区门口的胖保安，甚至是匆忙赶来的女朋友……只要是他过去认识的人，统统都看起来不对劲！

"太违和了，太违和了！这还是我生活的小区吗？这还是我熟悉的地球吗？"最后，小 K 发出了这样的哀鸣，终于做出了最后的挣扎——

拨打"110"。

当然，结局也很简单，派出所民警对小 K 进行了一番教育之后，就把他交给了"外星人"父母。第二天，还来了一个"外星人"心理医生给他诊治，小K这心里，别提多苦了。

谁来救救他呀！

怪异心理学

在还没有提出克隆技术的一个世纪以前，精神医生卡普格拉就发现了这个特殊的病症，也就是我们所说的"卡普格拉妄想症"。那时候的患者虽然不能用"克隆人报复世界""外星人统治地球"这样的"靠谱"说法来描述自己眼前的幻觉，但却有相同的感受。

大概是他们大脑的视觉处理线路出现了"老化受损"情况，患者们对图像的接收产生了问题，这让他们开始怀疑眼前看到的一切。

我大姨还是我大姨吗？我大爷绝对不是我大爷了！

当他们的想象力还没那么丰富，就将这一切归结为"被冒充"了——肯定是现实中还存在另一个双胞胎兄弟，说不定就是自己未曾谋面的二大爷呢！两个人长相相同，所以才能"掉包"。

有趣的是，让患者在视觉上辨认，他们会认为对方被冒充了，如果打电话，他们又能认出对方。看来，病人的耳朵是没问题的，就是眼睛出了点小差错。

有病？得治！

很遗憾，这种妄想症往往被当做精神分裂来治疗，所以如果真想下手"扭转"自己不正常的思维看法，药物治疗和医生的指导是绝对不可缺少的。严重时，还可能用上强制措施。

而心理上的关怀治疗也是不可少的，而这也需要专业的心理人士进行。首先，在患者"众叛亲离"、身边"危机四伏"的情况下，想被患者接受，就不能过分反驳、对抗患者的态度，而是以温和的言语引导获得对方的信任，同时给患者治疗上的信心和支持。

如果一味的否定、刺激他们，说不定帮助治疗的人也会被打上"外星人"的标签，这就功亏一篑了。

同时，别给患者太大的压力，压力往往是妄想症滋生的土壤，很多人就是因为压力太大、到达了临界点，才会出现种种奇怪的行为。归根结底，还是因为扛不住"亚历山大"的威力啊！

科塔尔综合征——我不是死了吗，难道这里是天堂？

"我感觉今天一觉醒来，自己已经死了……"

"什么？你确定不是昨天看的丧尸片太多了？"

如果有人告诉你，他已经死了，你的第一反应是什么呢？有人会想问："那好吧，是诈尸还是丧尸呢？"

有人则想说："承认吧，你是在拍《人鬼情未了》还是《行尸走肉》？"

总之，大家的表情都很淡定、态度都很平和。显然，所有人都觉得这是个玩笑。

可是，万一对方是当真的呢？他们大概会立刻变脸，吼道：

"什么，你真的觉得自己死了？你脑子是不是有病！如果你死了，现在说话的人到底是谁？"

是啊，除了"脑子有病"，大概也没人能解释得了这种想法了。而觉得自己早死了、现存的不过是"行尸走肉"的人还不少，P先生就是其中之一。

先不说P先生的想法是否过于离奇，当你看到他第一眼的时候，至少会肯定一点——从外形上看，他还真挺像个"诈尸"的家伙。这可不是P先生演技精湛，实在是"相由心生"，他整天念叨着自己"死了"，做什么都一副懒洋洋的状态，看到任何场景都没有表情，简直就是行走的"生无可恋"表情包。

"我的人生早就完结了，我的这里，"P先生指指自己的大脑，"已经死掉了。"

好吧，是丧尸吃掉了你的脑子！P先生，你不会真的相信吧，你以为这是植物大战僵尸真人版吗？

但P先生却全然不理解别人的内心吐槽，沉浸在自己的痛苦中。当他相信自己已经死了的时候，看着还"活着"的肉体，就会感到十分矛盾、痛苦，患上抑郁症也是很有可能的。

"明明我觉得，一觉醒来就应该上天堂了，偏偏人死了还被困在这具身体里。"P先生神神叨叨地念着，"难道是我不敬上帝、亵渎神灵导致的？"

为此，P先生甚至还信上了基督教，每个周末去教堂做礼拜大概是他唯一能提起精神的活动，而他的礼拜目的永远只有一个，那就是不断地乞求：

"神啊，快把我收走吧！我已经在人间呆烦啦！"

恕我直言，P先生，你这种状态信上帝没什么用啊！听我的，赶紧改信该隐吧，就是那个吸血鬼的祖先，我看挺适合你的。

可不，一具行走在人间、不死不活的身体，他这不是把自己当成吸血鬼了嘛！

"如果你的大脑真的死了，请告诉我，你是怎么保证自己没变成丧尸的。"有医生这样问，"你为什么还没有停止思考？"

"这……这我还真解释不了，但我敢保证，它一定死了。"P先生总是这样坚定，于是，很多医生都拿他没办法。

心灵鸡汤告诉我们，"你叫不醒一个装睡的人"，似乎还是有点道理的。到了P先生这里，大概就是"你劝不回一个觉得自己死了的人"吧！但是，别觉得P先生一点让步都没有做，他还是"牺牲"了不少的。

本来，按照他的理念，自己既然已经死了，根本不需要吃东西。幸亏在这个想法上P先生进行了妥协，最终愿意面对每天痛苦的进餐时间，否则他大概早就和这个世界说"拜拜"了。

嗯，保证是真的"拜拜"。

而很多他的病友们，就是因为更加固执地扮演着一个死者，最终因为拒绝进食而将自己饿死了。从这一点看，P先生"生前"一定是个脾气不错的人。

但目前的当务之急，还是得将P先生从死亡边缘劝回来。现在这家伙已经开始频频往墓地跑，开始给自己物色未来的"房子"了，如果不赶紧拉住他，说不定哪天他就要收拾东西搬到墓地去睡、提前去跟"邻居"搞好关系了！

怪异心理学

科塔尔综合征患者是非常特殊的群体，在他们的心目中，自己活着就是现实版的《行尸走肉》，可在外人眼里，这只是一群有些抑郁症倾向的怪人而已。

他们并不是单纯地认定自己"死了"，而是在日常行为、状态上也向"死亡"靠拢。如果不是因为电影节没有"僵尸奖"，这个奖项一定要颁给他们——因为这群家伙的"演技"完全是天然的，太过精湛了。

在他们的意识里，他们正在慢慢死去，身体中的某个或者所有地方出现了致命的伤害，每一秒都经受着内在的"肠穿肚烂"，有时甚至认为自己早就消失了，一切都是自己的幻想而已。

于是，这样的意识就影响了他们的生活。照镜子的时候，他们不能认出自己；吃饭的时候，他们认为"完全没有这个必要"，哪怕自己已经饿得两眼昏花；生活时，他们厌倦一切过去喜欢的事、讨厌和任何人进行交流……大概，给他一个墓地让他发呆一整天，Cos一个刚刚诈尸还没反应过来的僵尸，是他们最喜欢的事了。

这群还活着，却兢兢业业扮演死者的人，就是科塔尔综合征患者。

有病？得治！

科塔尔综合征又叫做"行尸综合征"，是一种十分严重的心理疾病，往往伴随着生理疾病一同出现。后者需要针对性的科学治疗，而前者也需要药物、心理治疗双管齐下。

除了吃药，对这群"行尸"患者，心理治疗的主要目的应当是恢复他们生活的热情，摆脱悲观。哪怕患者一直认为自己"已经死了"，只要能恢复乐观的、积极的生活态度，他们就能够和常人无异的生活着，而不是每天充斥着绝望。

曾经有行尸综合征的患者被"迪士尼"治愈。因为每天观看温暖的动画，让她重新燃起了活着的欲望，因此被治愈了。所以我们可以认为，在治疗上多引导患者接触生活中温暖、令他不舍的方面，可以很好地唤起他们对生命的渴望。

事实上，这种病最大的问题不在于身体上的病痛，而是精神上不再渴望活着，所以才会坚持认为自己已死。

司汤达综合征——在艺术的熏陶下，我晕了

人类文明发展了这么多年，遗留给现代人无数的艺术品。从巍峨的故宫长城，到世人皆惊叹的大卫雕像，从埃及的金字塔到欧洲的凡尔赛宫，处处弥漫着"艺术"的气息。

有了艺术，更不缺欣赏它的人。事实上，只要是能掏得起一张门票的人，多少也去过当地的几个博物馆吧？就算对这些不感兴趣，在电视、报纸上，也肯定接受过艺术的"熏陶"。

更不要说那些文艺范的"艺术爱好者"们了，他们的足迹遍布大江南北，可以为了看一眼某个精致的雕塑，就不远万里地跨越大洲大洋赶到另一片土地。这样的狂热人士，就算你没见过，也一定听说过吧？

所以，如果我说，他们中的有些人会因为艺术品太美，完全无法抵抗它们的魅力而直接晕倒，你也一定能接受喽？

这种"看到艺术品，我就晕"的症状，就叫做"司汤达综合征"。患者可能拥有各种身份，他们也许是娇弱到一推就倒、没事就晕一晕的小姑娘，也许是五大三粗、胳膊拗得过大腿的纹身壮汉，也可能是满头银发、看起来养生有道的老头老太，但不管是什么状态，只要看到美丽得震撼人心的艺术品，他们都会表现出一个特点——

"我心跳咋这么快呢？哎哟不行了，我晕，我喘不上气，我……"很可能伴随着"砰"的一声，他们就栽倒在地了。

是不是他们商量好，一起没吃早饭，统统犯了低血糖？还是一场来自全世界的"快闪"，一次有趣的作秀？

都不是。这样的场景，在大型、知名的博物馆里已经成为见怪不怪的情况了。尤其是放置着大卫、蒙娜丽莎这样"美到极致"艺术品的展馆，一天抬出去五六个都不是事！

怪不得，这也被称为"大卫综合征"。

充满着艺术色彩的城市，都聚集着大量的文艺爱好者，这也意味着——这里的医生压力挺大的。

毕竟，文艺人士的聚集地，就是"司汤达综合征"的高发地啊！要是不幸被"传染"，一次晕倒一群，那可真是医护人员的地狱。

事实上的确如此。比如文艺复兴之都——佛罗伦萨，这里的医护人员提起"司汤达综合征"就恨得牙痒，估计他们是这座城市里对"大卫"意见最大的人。要是没有这个闻名程度与麻烦程度不相上下的雕塑，他们至于有这么大的工作量吗？

Y医生就是某"艺术胜地"医院的医生，在他执业的这些年，基本上集齐了"稀奇古怪游客"大全，每天都收治因为各种原因入院的游客们。

"尤其是突然头晕眼花、眼前一黑，然后就苏醒在医院的游客，实在是太多了。"Y医生表现的十分淡定。

救治这些病人的方法似乎也很简单，先来个急救全套，保证病人的症状得到缓解甚至消失，然后把他们往病房一推，等着苏醒就行啦！放心，只要没因为太紧张、太脆弱而诱发心脏病之类的疾病，他们醒来后都会恢复健康。

前提是，你一定得保证他们眼前没有艺术品，越贵的越不能有！

"这些游客都是在观赏艺术品的时候，因为太激动、太兴奋，导致身体亢奋才晕过去的。"Y医生也很无奈，"所以，这大概是个只有艺术家们才容易中招的疾病。"

听说你在艺术品鉴赏上没有丝毫天赋？别沮丧，至少你给自己排除了一项疾病呢！

怪异心理学

举世闻名、传承依旧的经典艺术品，对全世界人都有着巨大的吸引力。之所以能有这样的地位，就意味着他们的美绝对可以震撼人心，让你一看到就感觉"炫目到晃眼"。

许多游客就拜倒在了"晃眼"二字上，真的被艺术品"晃晕"了。他们可能平时就十分容易激动、身体机能比较脆弱，同时还很容易被感染，尤其是看到艺术品时。这几样特征结合在一起，就让这群游客成了"牺牲品"。

与别人看到艺术品时的激动不同，他们的第一反应是"特别激动"，逐渐发展为"激动到心脏要跳出""激动到颤抖""激动到昏迷"，这个顺序相当熟练。有时候，即便昏迷了游客们的意识还会出现错乱，甚至产生幻觉，连导致死亡的可能性都有。

如果真的因此而死，你想好了如何跟鬼魂朋友们解释自己的死因了吗？

别人也许是"我是撑死的""我是病死的"，到你这里，大概就是"我是美死的"！美貌的事物，实在害人不浅呀！

有病？得治！

对于狂热的艺术品"追星族"来说，出现司汤达综合征实在是意料之中的事。终于看到自己偶像的作品、亲眼接触到魂牵梦绕的真迹，如何不让人激动呢？这就像见到了心中的明星一样，辛苦追星的小粉丝一激动之下被抬出场外，似乎是件很平常的事。

所以，治疗"司汤达综合征"，方法就像安抚粉丝一样。首先，在欣赏艺术品前进行充分的铺垫，对自己可能出现的状况有所警惕；其次，当心脏跳动很快、过于激动时，可以暂时离开，深呼吸缓解一下，再进行参观；最后，一旦有昏倒、抽搐的迹象，一定要让身边的人实施好救护，省得被其他"粉丝"误伤。

做好强大的心理准备是很重要的，如果能控制好我们的"激动"，还可以产生好的效果呢！在适当的激动情绪下观赏艺术品，可以让我们心情舒畅、身体健康，绝对是有益无害的。

当然，这时候最好选择一些令人愉悦的艺术品，过于压抑的就算了，否则引发抑郁症，也是很难治疗的呀！

第七章

药不能停，令人疯狂的社会病

关于"这个社会怎么了"的发问，一直萦绕在我们身边。我得负责任的告诉你——这个社会病了！没错，各种各样的心理病毒携带者不仅在公共场合随意出没，他们还拉帮结派，形成小团体了！怕不怕？先别忙怕，说不定你也在不知不觉间加入了其中某个小帮派呢！

赔偿性神经症——让我出院？不行，我要犯病了

不久前，我的朋友M告诉我这样一件奇事。

M家养了两条小母狗，其中一只最近怀孕了。M老妈以多年伺候狗月子的经验表示——这可是标准的"狗孕"症状！于是，一家人又高兴又担忧，把小区里和自家狗关系好的公狗全都怀疑了一个遍，觉得各个都像形迹可疑的"奸夫"。

这要是串了品种，还专门串各自的缺点，这窝小狗恐怕连送都要发愁啊！

可等到该生的时候，这个问题却从根本上解决了。原来，在全家人日日夜夜的紧张期盼下，在所有人有意无意的关注下，小狗的肚子在几天之内就"瘪"了下去，这速度能让减肥的胖子嫉妒到流泪。

总之，狗崽子"没了"。

"原来它是假孕！假孕啊！"M捶胸顿足地控诉着，"我们一致分析发现，这只肯定是看到另一只去年怀孕的时候，吃得好还有加餐，所以嘴馋了才会假孕！"

吃瓜群众表示——这真是一只标准的狗中吃货，还是"妖艳贱货"啊！

当另一条狗因为怀孕而得到特殊照顾的时候，另一条狗就产生了羡慕之情，情不自禁地也显现出"怀孕"症状。可见，狗都控制不住对特殊待遇的向往，并且千方百计想要获得同样的对待，何况人呢？

我们身边也有这样的"骗子"。当他们因为意外事故受伤时，可能获得了充分的照顾、自由的休息以及大量的赔偿，总之整体算下来这笔账并"不亏"。于是，他们就像我们所说的"骗子狗"一样，在潜意识里对受伤后的生活产生了眷恋和满意，身体就自发出现了奇怪的现象——明明已经好了，可还是"这疼那疼"，病症就在身上赖着不走了！

这与狗狗的"假孕"一样，都是潜意识对身体的影响，我们又叫它"赔偿性神经症"。

前不久，同事 R 君就遇到了这样一例令人哭笑不得的状况。R 君的母亲在骑车出行的时候，不小心撞到了一位老人，导致老爷子腰部、脚腕扭伤，身上多处淤青。

R 君就替惊慌的母亲送老爷子去了医院。看着老人家年纪比自己母亲还大，身边也没个亲人来看护，R 君这小心脏更愧疚了，赶紧忙前忙后地交了住院费、医药费，又赔了不少钱，还天天去医院看老爷子。

这赔偿了结后，双方都挺满意的。大概是老爷子自己在家的日子太孤单了，他甚至多次表示："我发现啊，这医院里的日子还挺舒服的！"

可不是，每天有温柔的护士来给老爷子换药聊天，没事和隔壁床的病友唠唠嗑，还有 R 君这个"肇事者"来忙前忙后，都快赶上亲孙子啦！于是，老爷子这医院是住上瘾了。

"这下我可倒霉了。"R 君非常无语，"按理说，一个星期就该出院了，可医生一提'出院'俩字，老爷子立马一副'哎呀不行了，我犯病了'的状态。"

一开始，R 君觉得这是赤裸裸的骗赔偿，可医生一检查完，他也傻眼了。还别说，老爷子也不是信口开河，别人有"点金手"，他有"点病嘴"，说哪里不舒服，哪里还真能检查出问题。

你说，这入院之前没有的病，现在查出来了，算不算是后遗症？没办法，这锅啊，还是得背！

"你说这叫什么事啊！"R 君十分无语，"还有人住医院住得不想走了？真是第一次见！"

要我说，这就是老爷子的"幻想"力太强大了，硬生生自我暗示了一身病。当务之急，还是赶紧把他劝出院才是呀！

怪异心理学 👉

像这样在工伤或意外伤后后遗症不断的患者，别看其中的很多人病症各有不同，其实完全可以归类为一种疾病——赔偿性神经症。虽然从名称到本质，这都是一种精神疾病，是心理因素导致的，但却成为人们无法"出院"的罪魁祸首。

在赔偿性神经症的指挥下，受伤后得到足够补偿、感觉自己"不赔本"的人们，潜意识里会产生"不想出院""想更多地享受病人待遇"这样的心态。他们内心深处认为，自己的好生活都是以病痛换取的，因此很不愿意让自己恢复健康。于是，在潜意识上的暗示，让他们的身体发生了变化——说自己病，自己还就真病了。

可这也有一个严重的后果，那就是时间久了，这种病痛也会"弄假成真"，最终成为真正的后遗症，而且很难消除。到时候，恐怕这些"身体自发碰瓷"的病人就要后悔了。

就算是医生，也很难解释为什么这些病人会出现如此多的症状，治疗更是十分棘手。因为对待这类病人，不仅要治"身"，还要治"心"，双管齐下才能有好的效果。

有病？得治！ 👉

对待赔偿性神经症患者，必须要从药物治疗、心理治疗两方面入手。药物治疗主要是治疗他们身体上反应的病痛，以达到治标的效果；而心理治疗则是治本，从根源上解决问题。

当然，在心理治疗之前，医生得谨慎地排除其他因素，万一人家是真病了，闹出了误会就不好了。只有在判定、确诊患者肯定是出了心理问题后，才能进入心理治疗阶段。

大多数医生都采取一项十分接地气的方式——进行思想教育工作。其中心思想就是，劝导病人不要拿自己的身体开玩笑，不要有"用病换钱"的想法。同时，配合以心理暗示，给病人造成"病久了不仅伤身，也拿不到好处"的影响，一般就可以迎刃而解了。

就算是专业碰瓷人员，听到车上有摄像头的时候，也一样拍拍屁股就走，更何况这个全凭潜意识操控的身体呢？

最后，如果遇到了固执的病人，光跟他们沟通是没用的，从病人家属、工作单位或赔偿方入手，获得"盟友"们的支持，效果会事半功倍。

美女强迫症——不行，我怎么能不够美？

在这个一切靠颜值的时代，不看脸的人实在是越来越少了，如果你真的遇到这么一个，也许其他人还会惊讶地问：

"真的，不是他没开灯吧！"

可美丽真的能只给我们带来好处、却没有坏处吗？

恐怕事实并非如此。哎，可千万别说这是一种爱美者的虚伪，更别说这是长得丑的家伙们在嫉妒，而是一种事实。

在光鲜亮丽的外表下，你知道有多少人正在受着疾病的煎熬吗？这可一点都不夸张，咱们就不说整容手术之后种种后遗症了，光是这"美女强迫症"，就能够在精神上将人们折磨得死去活来。

好吧，我这样一说，长得丑的你们是不是觉得很安慰呢？等等，别急着打我，让我用事实来告诉你们，这还真是确有其事。

我的高中同学 R 小姐，就是一个隐藏的美丽强迫症患者。大多数朋友提起这位高冷艳丽、活脱脱生活在另一个世界的姑娘，都带着一种不甚了解的陌生和难以掩饰的羡慕，还夹杂着那么一点妒忌。

"哦，是 R 小姐呀，听说她又参加了什么什么大奖赛，得了金奖？我要是跟她比呀，早就给气死了。"这是读书时代同学们最爱说的话。

"你确定她真不是整容了吗？我的天，这变化也太大了吧！我不信，一定是整了，不过人家有钱，道行太深，咱们看不出来罢了！"这是毕业后，"丑小鸭"女同学们对她的看法。

时间长了，大家也不得不承认，R 小姐的确是个美丽而优秀的女人。也许当大家渐渐老了，抱着彼此的孩子坐在一起夸夸其谈时，也会谈起她。话题？一定是她又拐走了过去的某个校园男神，让大家恨得牙痒呢！放心，语言一定照样带着不屑和羡慕。

但是，作为一个稍稍了解她的人，我却得说这只是表象而已。

"快帮我看看今天这身衣服怎么样？"说着话也不肯转头、眼睛依然粘在镜子上的，就是外面传说中高冷的 R 小姐了。此时她正撅着屁股，瞪着自己高度近视的眼睛，在镜子上寻找裙子的每一点瑕疵，生怕自己发现不了。

"太合适你了，太漂亮了，"我说完，忍不住翻了个白眼儿，说道，"行了，这样你满意了吗？快走吧，这都是你试的第十一身衣服了。"

"这可不行，我得保证我完美的形象不能被破坏。"R 小姐瞪了我一眼，接着认真地观察起来，其间……大概换了一千多个 pose 吧！

我忍不住怯怯地提醒道："其实，你昨天穿的那一身就不错，特别好看。"

我心想，这样说准没错！昨天那一套肯定也是从这一群里面挑出来最满意的，这样总不会出问题了吧，赶紧让她确定衣服，还能省不少时间呢！

低头看了看表，这都快半个小时了，再不催她，我都要死在试衣间了。唉，美女可真不是好做的，累啊！

"你懂什么，昨天的是昨天的，再好看的衣服也不能天天穿，让别人知道了不得笑话死我！"

听到这话，我低头看了看自己身上穿了两天的衣裳，默默地闭上了嘴。

可没办法，我也习惯了，她就是这样的人。做一个时时刻刻 360 度无死角的美女，就是她所患的强迫症，只要有一点有损形象的事，她都能立刻崩溃。

所以，想对付既不怕恐怖片也不怕虫子，更不恐高的 R 小姐，只有一个办法——趁她不注意，往她完美的裙子上"哗"地泼上一杯白水，保管她会翻个白眼儿，尖叫着晕过去

没办法，谁让她完美的形象被打破了呢？她可不能接受别人看到她如此狼狈的模样。

简单吧？这就是外人眼中修炼千年、水火不侵的妖精 R 小姐，只要让

她变得不那么美一点，就能让她变成热锅上团团转的蚂蚁。

除了每天挑衣服，R小姐还有大量的时间浪费在化妆上面。参加晚宴要化妆，上班要化妆，出去和闺蜜玩要化妆，见男朋友的前女友更要化妆。以上这些场合也就算了，大多数爱美的姑娘都会这样选择，可是你能想象，一个人下楼倒垃圾、出门买菜也得化上妆吗？

想想自己倒垃圾时，穿着连体小熊睡衣、趿拉着拖鞋、头发还乱的像稻草窝一样的形象，我就忍不住自惭形秽了，跟R小姐比起来，还真是没有一点儿"美"的觉悟啊！

这让我十分好奇，日后R小姐有了男朋友，是不是也要每天坚持比他起得早、睡得晚呢？嗯，必须在男朋友起床前化好妆，在他睡后再卸妆，这样才能无时无刻不保持完美的形象。

算啦，还想什么男朋友呢？看到R小姐在镜子前面无比陶醉的样子，我就清楚了……镜子才是她人生中最好的伴侣。

怪异心理学

对自己的形象过分关注，身上永远背着一个叫美女的偶像包袱，最容易催生出"美女强迫症"。

这一强迫症的起因十分简单，不过是世人皆有的爱美之心而已。可是，当这爱美之心长在追求完美主义的强迫症患者身上时，它就忍不住跑偏了。对美丽、风度、形象的过分追求，让美女强迫症患者们过得非常劳累，她们要保持自己从内而外的美，从头发丝儿到脚后跟儿都不能够有一点差错，从个人形象到专业成绩都必须得门门拔尖。

人人都看到她们表面的光鲜，可谁知她们背后的辛苦呢？像R小姐这样每天花半个小时挑衣服、花一个小时化妆、花两个小时照镜子的情况还算轻微，要是严重者，就算是自己脸上动不动挨上一刀，也毫不在意。

万一碰上个审美畸形的，说不定这世界上又得诞生一只蛇精了。

对美女强迫症患者来说，大概澳柯玛公司能够成为她们最后的归宿，你问为什么？当然是因为它的那句广告语了——没有最好，只有更好。

有病？得治！

美女强迫症患者们最需要的，是释放自己的压力。虽然我们很清楚，并没有任何人给她们压力，但是，在她们自己心上的这道锁却很难被解开。

最开始，患者们需要的是自我调整，自己能治的病，就别去医院麻烦大夫了。首先，一定要明白现实——这种处处维护形象到极端地步的情况，并不是正常的。发现这一点后，则需要"行动力"，有足够的毅力来摆托，才有可能自行治愈。

其实，患者们并非不知道自己的行为是无益的、是白浪费时间的，甚至也会一边纠结着今天要选哪件衣服、一边狠狠地唾弃自己的坏毛病，可惜，就是无法控制。这就成了另一重压力，最终离轻松正常的生活越来越远。

如此一来，自我厌弃、自我压力越来越重，在心里暗示的反复折磨下，情况只会更严重。所以，如果能多转移注意力、将时间放在其他有意义的事情上，让自己"忙"到顾不及关注自身，就能解放这部分压力。

调整自己的生活，从过去的轨迹中解脱出来，尽量按照规划、强迫自己完成每日任务，可以在一定程度上缓解问题。要是还不能根治，大概你也得去寻找一个人的帮助了，那就是心理医生。

洁癖症——细菌，在我眼中是有形的

朋友，你爱干净吗？

每个人都不愿意承认自己"不爱干净"。就算是大学宿舍里不羁的"邋遢男"，穿衣服都挑脏衣服里"较干净"的来穿，至少得穿完三轮才洗一次，外卖饭盒在宿舍里堆到四五十个，推开门能把辅导员熏个趔趄，你要是问他这个问题，他也得支支吾吾地回答：

"还行吧！"

就算他不要里子了，也得知道估计着自己的面子。由此可见，"爱干净"在大多数人眼里都是一件好事，至少是值得赞同的。

可你要把这句话告诉某些病人家属，他们恐怕会把头摇成拨浪鼓："不不不，我宁愿他不那么爱干净。"

嘿，这话说得就是患"洁癖症"的这群人。

朋友中，H君最近结婚了，盛大的婚礼、温柔可亲的新娘子，赢得了一众未婚屌丝的羡慕。更何况，他还迎娶了一个医院护士。

"土豪最喜欢找两种媳妇，一个是学校老师，另一个就是医院护士。"一个哥们拍着他的肩膀说，"看看，你虽然没当上土豪，可你老婆是土豪媳妇的标准啊！赚了，绝对赚了！"

H君一边得意地笑，一边小声嘟囔了一句："我倒希望她不是护士，没那么爱干净……"

"你说什么？"旁边的新娘没听清，凑过来问道。

"没！没什么！"H君赶紧摇了摇头，问道："媳妇，你要干嘛，我帮你弄，别弄脏你的衣服。"

他可是知道的，自己的前女友、新老婆有特别严重的洁癖，要是把她的裙子弄脏了，说不定她能当场把衣服脱了！为了避免任何意外，H君恨不得把所有能做的事都替老婆做了。要是能随身带个隔离罐，他一定想把自己老婆放进去。

当然，在外人眼里，这一定是小两口的甜蜜日常了。

"没事，不是要坐下吗？我擦擦椅子。"新娘淡定地摇了摇头，从纱裙下方不知什么地方变出一块手帕，认真地擦起了椅子。

"……"整个桌子的人一脸懵逼，有个哥们赶紧打圆场道："嫂子真是爱干净，的确啊，好日子别把婚纱弄脏了。"

于是，在众目睽睽之下，新娘拿着手帕擦了整整五遍椅子，然后把帕子远远地扔在了一边。

"嫂子……你擦得还挺认真的啊！哈哈，真贤惠。"一个朋友擦着冷汗说道。

"这不算啥。"新娘坐下后表情倒是放松了不少，"我平时都擦十遍，今天是在外面就从简了。"说着，又变魔术似的从纱裙下掏出一块手帕，开始擦面前的敬酒杯子。

……好嘛，我敢保证这纱裙下面没有裙撑，全靠手帕撑着呢！

"我老婆哪里都好，就是太爱干净了！"后来，H君找了个机会，这样对我们吐槽道。

进门先擦二十遍门把手、每天把马桶擦得可以直接当杯子就不算什么了，她还是个"监视器"，随时监视H君有没有洗手，只要哪一次没洗手就碰了屋里的东西，她绝对只有一句话：

"拿出去扔了！要不就自己去洗二十遍，快啊！"

问她为什么？那肯定是："细菌啊，上面有那么多细菌，我都快看到了！"

喂，H君，听说建国之后不准成精，你确定你身边这个不是"显微镜精"吗？快点举报啊！

没办法，对于一个有洁癖的人来说，生活中的细菌似乎就是清晰可见的。只是，细菌不仅长在现实物品上，还长在他们的精神世界里。

怪异心理学

"洁癖症"属于一种特殊的强迫症，即便在众多同样难治的心理疾病中，它也能杀出一条血路荣获"顽固病"的称号——总之，非常难缠。

我们得说，爱干净甚至过分干净，都不等于洁癖症。假如你没事就喜欢在家中喷空气清新剂，衣柜家具一周不擦就难受，必须时刻保持家里光可鉴人、地板像盘子的状态，这并不一定等于洁癖。洁癖，是指那些生理上无法控制、一旦进入心中认为的"脏"环境中，就十分焦虑的人，他们往往会重复某种无意义的动作来缓解焦虑。

比如开门这一个动作，哪怕再爱干净的人，也不可能在开门时还将门把手擦一遍。但洁癖症患者不仅会，还会擦很多遍。所以，他们上班、下班花费的时间大概比别人多多了，毕竟，光是在路上"搞清洁"就得花费大量的时间。

哪怕在家中，洁癖症的本质也无法改变。他们就像带着放大镜，能够看到无孔不入的细菌一般，事实上，这都是心理因素在作祟。

有病？得治！

出现了强迫症似的洁癖症怎么办？当然是药物治疗辅助、心理治疗为主了。

最常见的治疗办法就是"系统脱敏疗法"，将自己最害怕、觉得最恶心的东西、动作写出来，从最能接受的一个开始做，每天强迫自己去做这些以前避之不及的事，比如坐下时不擦椅子、出门不擦把手、不频繁地洗手等，然后循序渐进。

如果能找到洁癖的原因，针对这种原因进行心理治疗是最好的。很多洁癖患者都是因为曾经遭遇过特殊变故等，产生了这种强迫心理，通过回忆、疏导，将根本的顾虑消除，洁癖也会减轻。

实在"油盐不进"，还可以采取"满灌疗法"，这大概是洁癖症患者的酷刑吧！为什么这么说呢，因为这种方法需要助手蒙住患者的眼睛，不断往患者的手上倒各种液体，从有颜色的墨水到难洗的油脂，一边倒还要一边描述手到底有多脏。

此时，洁癖症患者的心里一定像有一万只蚂蚁在爬吧！我为什么知道？作为普通人的我都难以忍受了呀！

而事实上，助手其实经常在患者手上倾倒清水，他的手并不太脏。这样患者睁开眼后，就会长舒一口气。这种"虽然比平时脏，但是比想象中干净多了"的想法，会让患者自动对自己的现状更宽容，从心理上更容易接受日常的"脏"。

路怒症——除了我家的车，其他都是障碍物

在现代社会，堵车实在是一件再正常不过的事。谁要是在公路上开车不遇到一两次堵车，都不好意思说自己是学会了开车的人了！

就拿我的家乡来说，作为一个北方的三线小城，在儿时的记忆里，大街上连汽车都没有几辆，安静、空旷的街道十分通畅，"堵车"两个字离普通人的生活十分遥远。

那时候，提起堵车的城市，大家都是十分羡慕的："有那么多车啊？那得是很大的城市吧，真好！"如今看来，真羡慕当时无知的自己呀！

如今，当我发现在自家门口也能一堵半小时的时候，想起逝去的不堵车的青春，我的眼角就忍不住流了一滴眼泪……

总之，在这个恨不得隔壁家的狗都会开车的时代，汽车几乎成为了一种必备品。车多了，摩擦也就多了，大街上互相看不顺眼、没事就爱较劲的司机也多了。一不小心，就容易传染上"路怒症"。

要说"路怒"这两个字，我还是从 T 君身上学到的。

在漫画里，当废柴的男主握住自己的武器时，他就会"唰"地抬头挺胸，眼中绽放不屈的光芒，和刚才"认怂"的自己判若两人，然后又一次突破。这种专属于漫画男主的"变身"效果，在 T 君身上也能看到，而且效果十分相似。

平时温和有礼、脾气不知道有多好的 T 君，只要一坐上汽车、手握方向盘，就会像漫画男主一般变得"不屈"起来，脑海中只留下一个信念，那就是绝对不能让其他的司机占到便宜！

在 T 君眼里，他大概是世界上最会开车的人了，而其他人，从刚拿到崭新驾照的菜鸟到十几年驾龄的老司机，统统都能让他找到"喷"的点，总之就是一个词——差劲！

"你看看，刚才明明应该打灯他就是不打，这不是违反交通吗？一看就是个 %★¥#……"一个不注意，T君就一边开着车一边吐槽起来。

不过，那好像是旁边车道的车吧，跟你一点关系也没有呀！

如果你遵守了交通规则，T君又要说了："两辆车之间这么远距离，不会让别的车加塞吗？快跟上啊，傻子！"

你要是真的跟上了，大概T君还有话说："离这么近，不怕前面有车祸也让你追尾？胆大包天！"

……总之，不管怎样都有话说。可你要问他为什么如此，T君还要很委屈地说：

"我就是想让他们像我一样，老老实实开车啊！"

要是有人想在开车的时候跟T君"较劲"，那就更倒霉了。T君绝对会一边操控着自己的车、不顾后排一众尖叫声去别旁边的车，一边打开车窗痛快的骂上一顿。

那滔滔不绝从不重样的名词，一定让你忍不住掏掏自己的耳朵，然后怀疑地问："这是那个最不爱管闲事的T君吗？"

总之，跟T君一起坐车，比坐过山车还要刺激；跟T君同一路开车，比接受教导主任监考还要困难。只要你不能按照T君脑海中规划的路线走，多半都要被他暗自讽刺一顿，要是不小心互相"攻击"起来，就更倒霉了——单方面挨骂、双方对战甚至发展成"热战"都有可能！

这简直就是个行走的人形炸弹啊！

怪异心理学 ☞

一般来说，"路怒症"患者大多都是"理想主义者"，在他们眼中，完美的交通可能不一定符合交规，但一定符合自己内心的规划。只要一开车出门，他们就忍不住随时随地对道路交通进行规范。可惜，美好的畅想终归只是畅想，很难有满足他们愿望的时候。

而那些破坏了他们想法的"意外"，就成了患者怒气的针对点。不管是谁，只要他们开车不能让路怒者们满意，就一定会获得一个不太亲切的问候。

伴随着交通问题越来越多，路怒症患者也仿佛流感病人一样，被不断传染。想知道自己是不是"路怒者"吗？那就赶紧来测一测。

你是不是总下意识地规定自己开车时间的长短，哪怕你完全不赶时间，可以按 20 迈的速度开到目的地？你是不是喜欢一边开车、一边完成目标，比如"超越前面那个傻逼"，哪怕你跟对方毫无恩怨？你是不是习惯性地阻挠别人超车、一看到车道上出现违规行为就气血上涌，哪怕你自己不是交警？如果你具备这些情况，没错了，你一定是有了路怒症倾向。

有病？得治！ 👉

我们都希望人人遵守交规，创造和谐马路你我他，可事实却是大写的"NO"。没办法，既然不能要求他人提高素质、要求公共交通发展，我们就得靠调节自身情绪来治疗路怒症了。

常常在路上因为耽误时间的意外发火？这是大多数人开车太"急"，心里总是静不下来导致的。要是按照乌龟的速度开车也赶得及，相信很多司机的脾气也能像乌龟一样慢吞吞，所以，我们不如提前出门，每次预留好大量的时间，放慢自己的速度，也学学"乌龟"的涵养。

如果遇到堵车怎么办？这年头，还有没堵过车的人？找点事转移一下注意力，就能让我们不那么着急了。看看黄金周时堵在高速道上的司机们，人家还有闲情逸致踢毽子呢！听听音乐放松一下，相信你也能做到。

最后，司机们还得自己注意，如果情绪激动，尽量避免开车。没事进行一下自我检查，看看是否有路怒症倾向、情绪是否过于焦躁，如果情况严重，还是早点就医比较好。

季节性情感障碍——每年总有那么几个季节，你懂的

每当冬天来临，许多动物就会进入一种特殊的状态——冬眠。这可是一次十分漫长的"懒觉"，它们将在昏昏欲睡中度过整个冬天。

冬眠的这一特性，一定没少引起人类中"嗜睡一族"的羡慕。每当在冬天的早上，从温暖的被窝里将自己"拔"出来的时候，都是一次对毅力的极大考验。

这时候，一定有不少人在心中呐喊着："让我睡觉，让我冬眠！"

可真要让你"冬眠"了，恐怕你还会不高兴呢，因为——没有人给你放假呀！

K小姐就是个相当喜欢睡觉的人，正常日子里，每天不睡足10个小时，K小姐一定会一脸迷茫地打着哈欠，问道："我是不是该睡觉了？"殊不知，就在刚刚她才从床上爬起来呢！

这个时间卡得非常到位，只能多不能少，更不能还价。而到了冬天，K小姐的睡眠需求简直是"狮子大开口"，不断地上涨着。

直到有一天，她甚至鼓起勇气给老板递上了这样一张假条：

"最近睡眠不足，急需请假补眠，希望老板批准。"

不批准又能怎么办呢？没看到K小姐坐在她办公室的沙发上睡着了吗？

配上K小姐那圆圆的脸、呆萌的表情，她硬是赢得了"过冬松鼠"的"爱称"。就冬眠这一点来说，K小姐还真是一只不折不扣的松鼠。

动物冬眠时，身体代谢程度极低，自然精力不济、无法思考，只能昏昏欲睡——这一点跟K小姐简直一模一样。

"一到冬天，我就像被冷空气冻住了一样，完全提不起精神。"K小姐形容道，"想要工作？眼皮立刻要打架；让我思考？这里全是豆腐脑！"

她一边说着，一边指了指自己的脑袋。

总之，就是一句话——一到冬天，臣妾就什么都做不到啊！

K小姐在冬天最大的壮举，就是在当场讲演PPT的时候，当着众多主管经理的面，无法控制、毫不掩饰地打了一个哈欠。然后，看着所有人目瞪口呆的表情，K小姐突然发现自己的脑子"嘣"地断了线，怎么也想不起接下来该讲什么了。

她尴尬地站了一会，在自家上司快把眼睛瞪抽筋了的暗示下，机智地……又打了一个哈欠。

从那以后，冬天就成了K小姐一年中最难忘、最抗拒的日子。只有自己冬眠，这压力有点大呀！

怎么，难道我们还有季节恐惧症吗？一看到冬天，就忍不住龟缩起来，向大自然认输了？

事实上，K小姐的状态就是"季节性情感障碍"。对懒惰的我而言，如果得了这种病，就可以明目张胆地请假，那我一定要说："我得了全季节性情感障碍！"

按照"春困秋乏夏打盹，睡不醒的冬三月"这句描述，每年总有那么四个季节让人睡不醒，也是很正常的。这是不是意味着，我们得四季放假呢？

这么想，患上这种病也不是没好处嘛！可是如果患在你身上，你会愿意吗？

怪异心理学

季节性情感障碍，顾名思义，就是在特定的季节里，患者的心情会产生巨大的波动，一般都是抑郁状态。

这种疾病分为两种，一种是夏季情感障碍，患者大约特别讨厌夏季，身体对夏天的排斥度能达到别人的数倍，所以一到夏天就心情不爽、容易焦躁、各种"不想做"，一副躁狂症的表现，实在是过于兴奋。而另一种则是冬季情感障碍，症状与夏季类似，变为心情低落、容易抑郁、各种"做不到"，总体呈现出抑郁症的状态，一点精神也没有。

只有在极端天气、最冷最热的两个季节，才容易出现季节性情感障碍。研究人员通过仔细的分析，发现这跟平均气温、光照时间有相当密切的关系——如此看来，还真像是特定人类身上出现的简化版"冬眠"。

有病？得治！ 👉

大约是因为季节性情感障碍中，与冬眠的情形十分类似，那就是患者的情绪受到光照的影响很深，所以"光疗法"也成为了这种心理疾病的主要治疗办法。

这听起来是不是像"量子学说解释了上帝的存在"一样令人意外呢？而人的身体就是这样有趣。

光疗法一般以一个星期为周期，坚持两个周期、中间间隔一周即可。大多数在冬天容易变身"冬眠"者的人表示，没事去诊所里接收一下人工光照，感受更长的白天，就像给精神作了Spa一样舒畅，别提多轻松了。只要能够坚持进行光疗法，一个冬天都能获得好心情。

当然，这种光照都是有增强效果的，用普通的日光灯来照一照？不好意思，完全没有反应。所以，各位想在家里自行进行"光疗DIY"的朋友，千万不要选择室内光哦，否则除了晃瞎狗眼，恐怕没有一点效果。

同样，有些人的季节性情感障碍还可能来源于记忆中的创伤。如果曾经在特殊的季节遭遇过特殊事件，也可能会让患者"睹物思情"，感受到这一季节就立刻心情低落。此时，找到原委并疏导患者的心情，帮助解开"心结"才是最重要的治疗办法。

对视恐惧症——别看我，你的视线有毒！

以前，旺仔牛奶的一款广告非常具有冲击力——

一个眼睛圆溜溜的小男孩，使劲盯着有圆溜溜眼睛的牛奶标志，使劲运气之后，中气十足地吼出一声："再看我，我就把你喝掉！"

真羡慕他啊！

你说羡慕什么？唔，别人我不清楚，如果是我的朋友 U 君的话，一定是羡慕他能够瞪着别人的勇气吧！

别看是易拉罐上的漫画形象，根据我的目测，商标上的大眼睛足以让 U 君感受到"后颈直冒凉气"的毛骨悚然了。没办法，谁让他害怕与人直视呢？而这种恐惧的范围太广泛了，就连二次元也包含在内。

U 君的日常是这样的——

"……，我跟你说话呢，你看哪里呀？"说话的人一脸无奈，"认真看着我好吗？"

"我在听我在听。"这是恨不得将眼睛埋到桌子下面、始终盯着脚下让人怀疑那里有金子的 U 君，"别逼我看你，你的视线有毒啊！"

于是，成功又气走一个聊天对象。

在 U 君将第十二个合作伙伴气到投诉之后，连老板也发现了问题。他觉得，就算给 U 君一副眼镜也解决不了麻烦，干脆将他当成"大型杀伤性武器"关在公司，轻易不派出去了。

没办法，派出 U 君，膝盖中箭的还是老板啊！

不过，对付 U 君这个聊天气人高手也很简单，这个经验还是他的朋友小 K 发现的。

"在我们上高中的时候，U 君就已经这样了。"小 K 眉飞色舞地说，"当时我很好奇，这个男生整天不知道在看哪，怎么看怎么猥琐，不是个变态吧!"

带着这样的"有色眼镜",小K对U君的第一印象可是十分不好,加上每次跟U君说话,他都一副心不在焉的样子到处乱看,态度十分敷衍,小K终于生气了。

"喂,你是不是对我有意见?我是洪水猛兽吗你这么害怕?你知不知道你这样很不尊重别人啊!"小K愤怒地瞪着一双比常人更大的眼睛,简直能看到从中喷薄而出的怒火和鄙夷,他一把掰过U君的脑袋,强迫他看着自己。

U君完全没想到这个神展开的动作,一下子愣在那里,连眼睛都忘了闭上了。于是,他成功看到了小K的眼睛——这铜铃似的大眼,里面射出比X光还要灼人的视线……

于是,U君成功地心跳过速、手脚发抖,直接吓晕过去了。

"我当时简直想一起晕过去!"小K十分无奈,"后来,他幸福地在医院里躺了三天不用上课,我被轮番请家长见校长,整整接受了三天的友爱教育!"

真是自作孽、不可活啊!

有趣的是,知道了事情的原委后,小K倒是成了U君最要好的朋友。他常常担心地看着U君,就像个未老先衰的老妈子一样叹息着问:"就你现在这样,哪个好姑娘能看上你啊?"

就是这问题,太犀利了点。U君到底该怎么办呢?

怪异心理学 👉

有很多对社交活动有恐惧的人,都会患上"视线恐惧症"。在这群患者眼中,就算X光 γ 光能量十足,照样也比不上"眼光"让人恐惧。这种从他人眼睛里射出的无形"光波",杀伤力绝对"杠杠的"!

作为一名视线恐惧症患者，"与人对视"大概是恐惧排行榜中第一位的事情。哪怕是两人面对面交流，他们也十分忐忑地左顾右盼，绝对不愿与对方的视线相遇。否则？他们一定会感到特别难堪，就像顶着黑色塑料袋裸奔了三条街，然后被人一把拽下脑袋上的"面具"时的感受一样，不当场晕过去就算好的了。

正因为他们在日常总是拼命躲避别人的视线，所以大半精力都花在了视线的"追踪与反追踪"上，而剩下的一小半则用于告诉自己"别紧张，快镇定"。所以，你要是跟他们说一件事，十有八九没法让他们听到心里，交流更是属于"前言不搭后语"，一番谈话下来，患者保准不知道对面人"叨叨"了啥。这样谈完了，能不让人生气吗？

在这样的压力下，下次患者的视线恐惧症就更严重了。这是个完美的恶性循环。

有病？得治！ 👉

如果你是一名视线恐惧症患者，消除焦虑心态是摆在第一位的。学会一分钟深呼吸法，在特别紧张的时候，赶紧闭上眼睛隔绝视线，放空大脑，坚持深呼吸一分钟左右。这能让我们把脑子中乱七八糟的"视线有毒""旁边那人在看我，我要晕倒了"等胡思乱想排出，还能让身体稳定下来，不会动不动就抽搐、发抖。

再睁开眼睛的时候，你就可以昂首挺胸重新做人啦！

不过这显然治标不治本，所以下一步就是改善视线恐惧症。再害怕视线光波的人，身边也总有几个十分放心、绝对不会伤害自己的亲友，所以就先请他们当助手吧！没事将心里话对他们倾诉，哪怕说说视线恐惧有多让人烦恼呢，只要能良好的沟通就可以。然后慢慢地，控制自己看对方的眼睛，不断尝试，先从熟悉的人开始"攻略"，最后就可以成为自然反应了。

手机依赖症——手机是我妈，离开要自杀

在这个现代化的社会，除了亚马逊丛林里的野人兄弟们，大概每个人身边都少不了一个熟悉的"好朋友"——

手机！

不论你是社交达人还是人际交往障碍，都不妨碍这个好友占据你生命中重要的地位。没了手机，你就不能打电话、发短信，也不能刷刷微博、摇摇微信……天哪，这简直是被全世界抛弃的节奏！

所以，我身边依赖手机的朋友可是不少。不过要将大家伙跟手机的亲密程度排排序，Y君那就是当之无愧妥妥的的NO.1。

"小Y在手机面前，那就是永远的小宝宝、小公主……"有朋友这样形容。

"啥意思？"

"手机就是他亲妈呀！离开了一分一秒，他都活不下去那种。"

Y君对手机的感情就是这样情深似海，手机既是老妈又是女朋友，那叫一个形影不离、如胶似漆。怪不得这家伙活到这么大还没赢得过妹子的芳心，他可是有了手机就能叫做"现充"的人！

想想也是，没有哪个眼不瞎、脑不残的姑娘会看上一个走路对着手机傻笑而撞到电线杆、吃饭盯着手机结果吃到鼻子的糊涂家伙——而这，还只是Y君与手机的"恋爱物语"中的小小一部分。

"跟Y君谈恋爱？算了吧，我跟他的手机之间，看起来我才像第三者。"听听姑娘们这实在的心里话，能够把单身狗的生活过出恋爱般酸臭的家伙，大概也就是Y君一个了。

和手机之间的"感情"看似让他的单身生涯变得充实很多，事实上，Y君的苦恼可不少。

　　"我需要一个独一无二的铃声，快帮我挑一挑。"隔三差五，Y君就会来找我们提出这样古怪的要求。这次又是为什么了呢？

　　原来，Y君虽然热爱手机，却是个名副其实的"糙汉子"，手机铃也选的是默认款，更是男性群体中最常见的调调。这下可苦了Y君，办公室里不论谁的手机响了，只要是那个熟悉的调子，他总要手忙脚乱的从各个地方找到手机，仔细地检查一番——是不是自己来电话了。

　　"有时候，明明我的手机就在手里拿着，没有电话响起，我还是要看上一遍又一遍。"Y君疑惑地说，"我不是患上强迫症了吧？"

　　"还真不是，你这是……担心自己女朋友叫人抢走的紧张感啊！"我们打趣道。

　　Y君一连换了好几个铃声都不满意后，终于在我们的帮助下找到了一款最不会"撞铃"的来电铃声。倒霉的是，从这天开始，每次Y君来电话，办公室总要响起"睫毛弯弯，眼睛眨呀眨"这样的甜美女声，配上Y君粗犷的视觉效果，带给我们极大的折磨。

　　换了铃声的Y君也没有高枕无忧。这不，前几天刚上班一会，Y君就脸色苍白，"啪"地一声打了脑袋一巴掌，看起来格外懊恼。

　　"这是忘带今天的提案了？还是忘了拿演讲的PPT？"一群工作狂们还以为出了岔子，也跟着紧张起来。这一会可就要开会了，千万别是忘了带武器就上战场啊！

　　"不是,那些我都带了,是比它们还重要的,"Y君那叫一个"急赤白脸"，"我把手机落在家里了！"

　　这么一想，大家先是放松一口气，接着也就明白了。对Y君来说，忘了拿手机可不是要了他的命吗？

　　甭看Y君的手机没什么人打，一天也处理不了几个跟工作有关的信息，可他要不拿上手机，还真没办法好好工作。"不行，肯定会有人联系我，万一是工作上的事不耽误了吗？"Y君每次忘带手机，都是这么一副着急样子。

我们互相看看，只得无奈摊手了——你的工作伙伴都在你身边呢，谁会给你打手机联络呀！

"我爸妈也有可能给我打电话，万一我没接到咋办？"想到这，Y君更紧张了。

得，平时您老给家里打电话的频率……好像是一个月一次吧？

"对，我得回家拿去！"意料之中，Y君思考完总会出现这样的结果。这个月的全勤奖？该哪来回哪去吧！

不对，今天还得开会呢，Y君你可不能走啊！

怪异心理学

像Y君这样，在生活中和手机成为"注册连体婴"的朋友，你身边有没有呢？别跟我说，你就是其中之一吧！这种症状，很可能就是"手机依赖症"。

这种心理疾病的出现，多半是因为现代社会压力太大导致的，尤其爱出现在白领阶层。整天守着手机，等待上司"夺命连环Call"的小白领，压力大不大？大！手机对他们重要吗？当然，他们恨不得一天24小时开着，同时接仨电话都不稀奇。这不，一来二去，手机依赖症就找上身了。

在无意识中，手机占据了他们绝大多数的时间，成为"刷脸"次数最多的"熟人"。此时，一旦手机丢了、忘记带了甚至停电了，或者联系人突然变少了，都会让大家爆发手机依赖。

手机依赖是什么？是没带手机就没办法专心工作，是手机一旦安静下来就觉得世界都抛弃自己了，是经常产生奇怪的错觉——"刚才一定有人给我打电话了"，是没事就得看看手机、时刻保持它开机状态……要是倒霉碰上没网、没电、没信号，啧啧啧，保管你觉得天都要塌了。

有病？得治！

要治疗手机依赖也很简单，既然和手机太亲密，那就先"分开"冷静冷静吧！

如果晚上睡前一定要玩手机，不妨改成听音乐。听一些舒缓的睡眠曲，说不定还能更快哄自己睡着呢！没事也别老跟手机"大眼瞪小眼"，多和生活中的朋友、亲人面对面交流，让他们也刷个脸熟。实在不行，就制定一个强制计划，将每日玩手机的时间、长度严格控制起来，逐步培养好习惯。

最后，还有一招"釜底抽薪"——不带充电器。对手机依赖者来说，"没电"绝对是最恐怖的深渊，没有之一。在没有充电器的情况下，跟手机再亲密，也一定会老实将它收起来，防止没电的。

网络忧郁症——在互联网上，我就是国王

伴随着科技的不断发展，人类似乎自创出了"第二世界"，那就是网上世界。抛弃现实世界的身份，当你匿名在网上遨游的时候，你似乎就能短暂地离开令人烦恼的现实了。

也许在现实中，你是个穿着白汗衫大口吃瓜的抠脚大汉，但在网上你可能拥有一个粉丝数万的大V号，只要发一张照片就有无数人手捧脸蛋星星眼地叫"男神"；

也许在现实中，你是个一事无成、刚被老板臭骂一顿卷铺盖滚蛋的"卢瑟"，但在网络上，你可能是游戏中的"最强王者"，服务器里名镇一方的大牛，每次出现都有无数人组团观光，争着抢着喊"爸爸带我飞"……

这么一想，这网络上的"第二世界"简直是又给了你一次重生的机会呀！也难怪，有些人从此迷上了电脑，变成现实中的抑郁者、网络上的励志帝了。

I君就是个沉迷于网络的"大龄网瘾少年"，明明也到了晚婚晚育的年龄，却连女朋友都没有一个，工作上也没什么成就，这可把老爸老妈急得不行。

可不管是谁来劝，I君总是巍然不动，顶着自己长期昼伏夜出得到的两个"熊猫眼"，相当沉稳地说："别着急，我都还不急呢！"

是啊，你当然不着急了，毕竟你的网络世界里有无数"女友预备役"呢！

原来，别看I君在现实生活里总是一副"沉默是金"的模样，在网络上可是另一种状态。看看他快长到嘴角的黑眼圈就知道，这可是游戏大神身上必备的"勋章"呢！肯定没少熬夜刷经验。

靠着在游戏里风骚的走位、成熟的操作和灵活的头脑，他也成了一个

不大不小的"高手"，微博号下几万粉丝，天天"嗷嗷"地等着他刷微博更新状态。就算发个句号，也肯定有不少人刷屏询问："大神你怎么了？"

瞧瞧，这待遇，这地位，跟现实生活中一比较，I君不迷上电脑才怪呢！用他自己的话形容，那就是：

"在互联网上，我就是自己的国王！"

与平时不同，I君一上网就变成了另一个人。这个"I君2号"幽默风趣、上知天文下知地理，还是个名副其实的"老司机"，一手好的撩妹法则，那是运用得炉火纯青。当然，他从来不在自己的粉丝面前暴露这一点，而是将这一招用在了微信上。

被无数人痛斥为"万恶之源"的摇一摇，就是I君每日打发时间的好帮手。他常常闲来无事就摇一摇附近的人，跟对方聊天来打发时间。别说是异性了，就算是同性，I君也有能力让对方跟自己聊得无法自拔。

在一众靠着"摇一摇"约炮的低俗青年里，I君简直是一股清流，他竟然靠着这个"污力滔滔"的功能，成功扩大了自己的朋友圈，简直是一个行走在网络世界的小清新啊！

不过，只要是对方提出想见面，I君总是找出各种理由拒绝。其实，I君倒也不是抗拒"面基"，但每个和他在现实中见面的人，都会表示——你跟网上真不一样啊！

是啊，I君是一个能跟你吃上一顿饭也不说一个字的家伙。别看网上聊得High，可你与他见面了才会发现，他宁愿一直看着手机聊天，也不愿意跟你说话。怎么办呢？

没办法，那就拿起手机，面对面在网上交流吧！

总是这样，在网络上活跃、在现实中冷漠，时间久了，I君会不会患上失语症呢？社交障碍是肯定少不了了。

怪异心理学

网络忧郁症的患者就像 I 君一样，每天将大量的时间花费在网上，宁愿跟自己的朋友面对面坐着，拿着手机交流，也不愿意主动开口说话。虽然他们在网上可能混得如鱼得水，但在现实中，我们只能看到患者越来越异常的表现——

一坐到电脑面前，在屏幕光的映照下，他们的一双眼睛简直像饿狼一样亮。可离开电脑呢？不好意思，快下垂的眼袋、快要凸出的黑眼圈都告诉你，他很困，精力不济啊！

一到白天工作的时间，他们就会哈欠连天，死活提不起精神。让女朋友来解决？不好意思，这样的家伙连女友都救不回，基本都是单身狗。可一过晚上 12 点，瞧瞧吧，保准就像重新活过来一样。

长期如此下去，体重减轻、食欲下降在他们眼中倒不算什么，对某些胖子来说还算好事，但脑子越来越慢、思维凝滞不动、渐渐患上社交障碍，就不得不令人警惕了。最后，这些患者常常生活在难以解脱的痛苦中。

用一句话总结，那就是："我要控制我自己，可……臣妾做不到呀！"

有病？得治！

想解决这样网络上亢奋、现实中忧郁的症状吗？那就赶紧从心理、生活两方面下手吧！

大多数网络忧郁症患者，在"上网"这件事上都有一定的强迫症倾向。虽然明知道自己不能太依赖网络，明知道自己再这样下去早晚"药丸"，还是控制不住自己，这就是长期的习惯导致的强迫行为。一定要控制自己的想法，想上网时就克制自己，尽量找其他的事情转移兴趣。实在不行，还可以暂停自家的 WiFi、没收自己的手机嘛！这招釜底抽薪，一定很有用。

没看到戒除网瘾学校都是这么做的吗？只要从根源上切段"网"这个

滋生的土壤，就能解决问题了。

如果能够控制上网时间了，就在进一步改善自己的作息。进行每日的日程计划，可以找人监督自己，每天按时休息、保证睡眠，绝不熬夜上网。坚持一个月，我们就能培养新的习惯，很快可以适应。

其实，只要能对自己下狠心，其实这事也不难解决，不是吗？